普通高等教育"十一五"规划教材
21世纪大学计算机基础分级教学丛书

Visual Basic 程序设计实践教程

司晓梅　杨　沙　黄启荃　　主编

科学出版社

北　京

内 容 简 介

本书是《Visual Basic 程序设计教程》的配套实践教材,用于帮助读者自学和掌握计算机的应用操作。全书共分三个部分:第一部分为"实验指导",精心安排了 13 个实验,分别与《Visual Basic 程序设计教程》各章内容配合;第二部分为"习题解答",给出了《Visual Basic 程序设计教程》各章习题的参考答案;第三部分,给出了"全国计算机等级考试"相关知识和样题。

本书侧重应用 Visual Basic 进行程序设计的应用能力的培养,内容丰富、讲授清楚,适用于读者边学边操作,也可以作为准备计算机等级考试的参考书。

图书在版编目(CIP)数据

Visual Basic 程序设计实践教程/司晓梅,杨沙,黄启荃主编. —北京:科学出版社,2011.2

(21 世纪大学计算机基础分级教学丛书)

普通高等教育"十一五"规划教材

ISBN 978-7-03-029921-5

Ⅰ.①V… Ⅱ.①司… ②杨… ③黄… Ⅲ.①BASIC 语言－程序设计－高等学校－教材 Ⅳ.①TP312

中国版本图书馆 CIP 数据核字(2011)第 002507 号

责任编辑:张颖兵 程 欣/责任校对:闫 陶
责任印制:彭 超/封面设计:苏 波

科 学 出 版 社 出版

北京东黄城根北街 16 号
邮政编码:100717
http://www.sciencep.com

武汉市新华印刷有限责任公司印刷
科学出版社发行 各地新华书店经销
*
2011 年 2 月第 一 版 开本:787×1092 1/16
2011 年 2 月第一次印刷 印张:10 1/2
印数:1—4 500 字数:238 000

定价:18.00 元

(如有印装质量问题,我社负责调换)

前言
■■■ Qianyan

　　本书是《Visual Basic 程序设计教程》的配套实验教材,以培养学生的应用能力为目标,提高其使用 Visual Basic 解决应用问题的能力为目的,根据《Visual Basic 程序设计教程》的布局安排了相应的实验和习题。

　　全书共分三部分。第一部分为"实验指导",精心安排了 13 个实验,分别与《Visual Basic 程序设计教程》各章内容配合,使读者在实践中达到对书中内容的深入理解和熟练掌握。每个实验均包含"实验目的"、"实验环境"、"相关知识"等内容,为读者掌握 Visual Basic 的应用打下基础。第二部分为"习题解答",给出了《Visual Basic 程序设计教程》各章习题的参考答案,为读者自学提供参考。第三部分为"计算机等级考试",给出了全国计算机等级考试相关知识和样题,为参加计算机二级考试的学生提供笔试样卷和上机考试模拟系统的使用方法,为读者了解计算机等级考试的相关内容提供方便,供准备参加计算机等级考试的读者参考。

　　本书由司晓梅、杨沙、黄启荃主编,李小艳、夏婷、赵传斌参加了各章习题解答的编写及实验的设计。

　　本书在编写过程中,参考了大量的文献资料,在此向这些文献资料的作者表示感谢。由于时间仓促和水平所限,书中难免有疏漏之处,敬请各位专家、读者不吝批评指正。

编　者

2010 年 9 月

目录

▰▰ Mulu

第一部分 实验指导

第二部分　习题解答

第三部分　计算机等级考试

第一部分　实验指导

实验一　Visual Basic 集成开发环境的使用

一、实验目的

(1) 了解 Visual Basic 系统对计算机软、硬件的要求。
(2) 熟悉 Visual Basic 集成开发环境。
(3) 掌握开发一个简单程序的基本步骤。
(4) 掌握常用控件的应用。

二、实验环境

Visual Basic 6.0(以下简称 VB)。

三、相关知识

1. Visual Basic 6.0 集成开发环境

图 1-1 是 VB 集成开发环境的主界面。

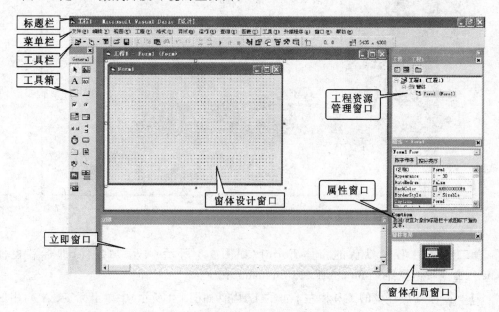

图 1-1　VB 集成开发环境

2. 建立一个应用程序的步骤

(1) 新建一个工程。

(2) 建立用户界面的对象。

(3) 设置对象属性。

(4) 编写对象事件过程。

(5) 运行和调试程序。

(6) 保存应用程序,生成可执行文件。

四、实验示例

例 1-1 在窗体上设置一个标签和两个控制按钮,单击名为"显示"的按钮,在标签上显示一排文字:"点击显示按钮,设置标签显示内容";单击名为"清除"的按钮,显示的文字消失。

第一步:单击桌面快捷方式打开 VB 集成开发环境,打开后如图 1-2 所示。单击"打开",新建一个项目,如图 1-3 所示。

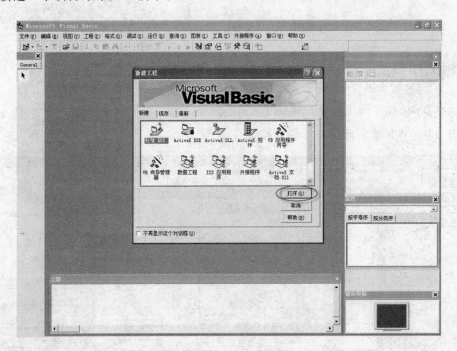

图 1-2　vb 集成开发环境

第二步:在工程的默认的窗体 Form1(如图 1-3 所示)中添加控件,即标签控件 Label1、命令按钮控件 Command1 和 Command2;

(1) 在 vb 集成环境的工具栏左下方的工具箱(如图 1-4 所示)中单击标签(**A**),用鼠标在 Form1 窗体上画出一个矩形区域,则标签 Label1 就完成了。

(2) 在工具箱中单击按钮(**↵**),用鼠标在 Form1 上画出按钮 Command1。

(3) 在 Form1 窗体中画出 Command2 控件,如图 1-5 所示。

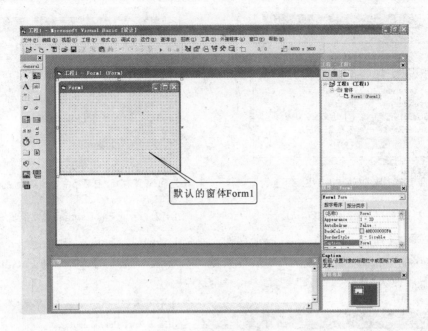

图 1-3　新建一个项目

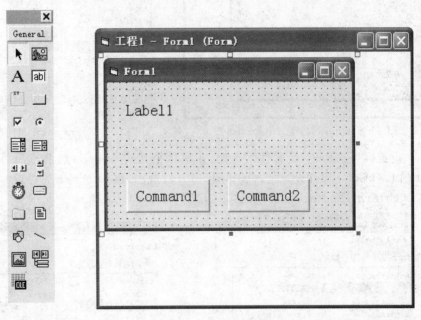

图 1-4　工具箱　　　　图 1-5　完成设置控件后的窗体

第三步：设置属性。分别设置 Form1，Label1，Command1，Command2 的属性。

（1）设置 Form1 的 Caption 属性。属性窗口（工具栏的右下方项目窗口的下方）如图 1-6 所示，单击 Form1，则属性窗口可以设置 Form1 的属性，在 Form1 的属性表中找到 Caption，将其默认值"Caption1"改为"示例"，如图 1-7 所示。

图 1-6　属性窗口(Form1)　　　　图 1-7　Form1 的 Caption 属性设置为空格

（2）设置 Command1，Command2 的属性。选定 Form1 上 Cammand1，如图 1-8 所示，将 Cammand1 的 Caption 属性改为"显示"，如图 1-9 所示。同样的方法，将 Cammand2 的 Caption 属性改为"清除"。

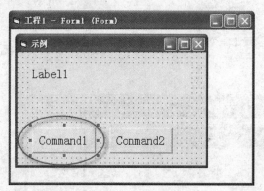

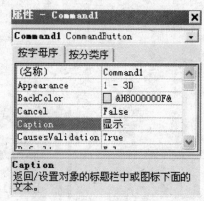

图 1-8　在 Form1 中选中 Command1　　　图 1-9　Command1 的属性窗口

（3）设置标签 Label1 的属性。首先，在窗体上选定 Label1，然后在属性窗口中将 Label1 的 BackColor 属性设为"白色"如图 1-10(a)所示，BorderStyle 属性设为"1-Fixed" 如图 1-10(b)所示，FontSize 设为"三号"，如图 1-10(c)(d)所示。

（a）设置 Label1 的 BackColor 属性　　　（b）设置 Label1 的 BorderStyle 属性

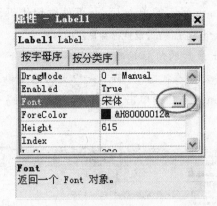

(c) 设置 Label1 的 Font 属性之步骤一

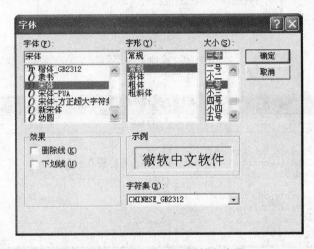

(d) 设置 Label1 的 Font 属性之步骤二

图 1-10　设置 Label1 的属性(续)

第四步:编写代码。

(1) 双击 Form1 打开代码窗口,如图 1-11 所示。

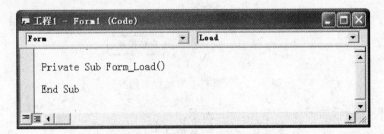

图 1-11　代码窗口

　　(2) 在代码窗口的控件下拉菜单中选择 Command1,如图 1-12 所示,在事件下拉菜单中选择单击 Click 事件。

（3）输入命令按钮 Command1 的单击 Click 事件过程代码，如图 1-13 所示：

Label1.Caption= "点击显示按钮,设置标签显示内容"。

注意：①不要把 Label1 最后的阿拉伯数值"1"输入成字母"l"；②代码中的符号，如点号、等号和双引号要是在英文输入状态下，而不是中文状态下输入。

（4）输入命令按钮 Command2 的单击 Click 事件过程代码

Label1.Caption= ""。

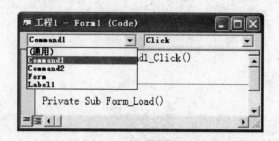

图 1-12　控件下拉菜单

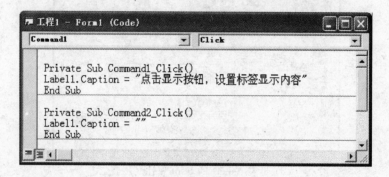

图 1-13　输入代码

第五步：运行工程。

（1）单击工具栏上运行工程按钮（印有三角形的按钮），如图 1-14 所示。

图 1-14　工具栏上的运行工程按钮

（2）工程运行后如图 1-15 和图 1-16 所示。

注意：运行工程时，工程并没有保存，可执行文件也没有生成。

第六步：保存工程，将工程文件保存到硬盘上。

单击菜单栏的"文件"→"保存工程"。选择保存的路径之后，分别保存窗体文件和工程文件，如图 1-17 和图 1-18 所示。

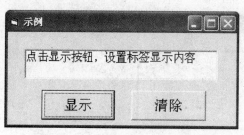

图 1-15　单击"显示"按钮后的界面　　　　　图 1-16　单击"清除"按钮后的界面

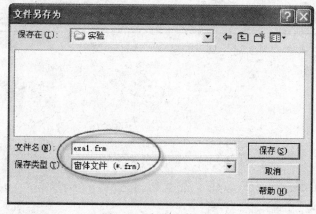

图 1-17　保存窗体文件

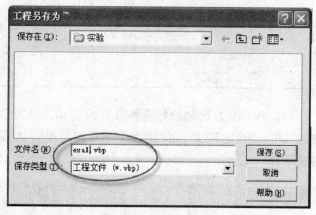

图 1-18　保存工程文件

第七步：工程的编译，产生一个文件扩展名为 exe 的可执行文件。

单击菜单栏的"文件"→"生成××.exe"，命名并选择此可执行文件的保存路径。

五、实验内容

练习 1-1　试对例 1-1 进行修改，单击"确定"按钮时，标签上显示"你好，世界！"；同时将"清除"按钮改为"结束"按钮，单击此按钮时，窗体关闭。程序运行的初始界面如图1-19所示。

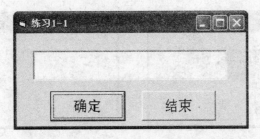

图 1-19　练习 1-1 程序运行的初始界面

将输入的代码填入下框空白处,调试运行之。

```
Private Sub Command1_click()



End Sub
Private Sub Command2_click()



End Sub
```

练习 1-2　编一程序,程序运行的初始界面如图 1-20 所示。当用户在文本框中输入姓名,例如输入"张三",单击"确定"按钮,则程序的运行情况如图 1-21 所示,如果单击"结束"按钮,即结束程序运行。

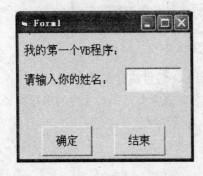

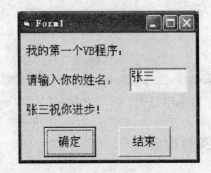

图 1-20　练习 1-2 程序运行初始界面　　　　图 1-21　单击"确定"按钮之后的界面

根据上图自行设计界面,并将输入的代码填入下框空白处,调试运行之。

```
Private Sub Command1_click()




End Sub
Private Sub Command2_click()






End Sub
```

思 考 题

（1）若要练习1-2的运行效果如图1-22和图1-23所示，即程序初始运行时，"结束"按钮处于不可选状态；单击"确定"按钮后，"确定"按钮处于不可选状态，"结束"按钮处于可选状态，应该如何实现？

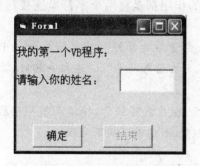

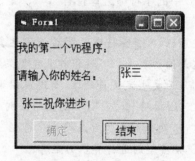

图 1-22　程序运行初始界面　　　　　图 1-23　输入姓名单击"确定"按钮后的界面

（2）在完成第一次实验后，感觉在 VB 实验过程中应该注意什么？

六、进阶练习

在窗体上添加两个文本框。在第一个文本框输入字符时，第二个文本框也显示同样的字符。提示：编写第一个文本框的 Change 事件过程代码。

实验二 常见数据类型应用及窗体和图片框输出

一、实验目的

（1）熟悉各种数据类型；掌握常量、变量及函数的使用。

（2）掌握表达式的正确书写及求值。

（3）掌握在窗体中输出字符串或表达式的值。

（4）掌握在图片框中输出文本。

二、实验环境

Visual Basic 6.0。

三、相关知识

1. 字符串运算符

VB 中的字符串运算符有"&"、"＋"两种，它们的作用都是将两个字符串连接起来，合并成一个新的字符串。

注意：（1）在字符串变量后使用运算符"&"时，变量与运算符"&"之间应加一个空格。这是因为符号"&"还用作长整型的类型定义符，当变量与符号"&"连在一起时，系统先把它作为类型定义符处理，易造成错误。

（2）连接符"&"与"＋"之间的区别是："&"两旁的操作数可任意，转换成字符型后再连接；"＋"两旁的操作数应均为字符型。若为其他类型，则按以下规则处理：

① 数值型则进行算术加运算；

② 一个为数字字符，另一个为数值，自动将数字字符转换为数值后进行算术加运算；

③ 一个为非数字字符，另一个为数值型，出错。

2. Print 函数

Print 方法用于在窗体、立即窗口、图片框、打印机等对象中显示文本字符串或表达式的值。其使用语法如下：

    [对象表达式.]Print[表达式列表][,|;]

其中，"对象表达式"可以是窗体、立即窗口（Debug）、图片框、打印机（Printer）等对象。如果省略"对象表达式"，则在当前窗体上输出。

3. Cls 方法

Cls 方法可以清除 Form 或 PictureBox 中由 Print 方法和图形方法在运行时所生成

的文本或图形,并把光标移到对象的左上角(0,0)。Cls 方法的语法形式为

> [对象表达式.]Cls

其中,对象表达式可以是窗体(Form)或图片框(PictureBox),如果省略对象表达式,则清除当前窗体上由 Print 方法和图形方法在运行时所生成的文本或图形。例如:

> Cls　　　　　'清除当前窗体上的文本或图形

4. 图片框控件(PictureBox)

VB 中可以利用图片框(PictureBox)控件显示 BMP,ICO,WMF,GIF,JPEG 等类型的图片,也可以利用 Print,Cls,Line 和 Circle 等方法在其中输出或清除文本和图形。

1) 在图片框中输出或清除文本

在图片框中输出文本用 Print 方法,清除文本用 Cls 方法。例如:

> Picture1.Print"你好"　'在图片框 Picture1 上输出文本"你好"
>
> Picture1.Cls　　　　　'清除图片框 Picture1 上的文本或图形

2) 在图片框中显示各种类型的图片

图片框通过 Picture 属性决定在图片框控件中显示的图形文件,属性值可以通过以下几种方式获得。

(1) 在设计过程中,通过属性窗口中直接选择 Picture 属性来设置。

(2) 在程序运行过程中使用 LoadPicture()函数来装入图形,使用方法为

> 图片框.Picture=LoadPicture("图形文件名")

例如,想要在名为 Picture1 的图片框中显示图形"C:\Windows\Test.bmp",则可以使用语句

> Picture1.Picture=LoadPicture("C:\Windows\Test.bmp")

如果想要删除图片框中已经显示的图像,也必须使用 LoadPicture()函数,只需要将函数的参数"图形文件名"置空即可,即

> 图片框.Picture=LoadPicture("")

(3) 还可以将其他图片框中显示的图像加载在当前图片框中。方法为

> 图片框 1.Picture=图片框 2.Picture

四、实验示例

例 2-1　自己先计算以下几个表达式的值,然后通过 Print 方法在窗体上输出结果进行验证。①100＋200;②100 & 200;③"100"＋200;④Print "100"＋"200";⑤Print 100>200。

分析:

对于第①个表达式,系统将进行加法运算,结果为 300;

对于第②个表达式,系统将进行字符串连接运算,结果为 100200;

对于第③个表达式,系统将数字字符串先转换成数值,再时行加法运算,结果为 300;

图 2-1 例 2-1 的初始界面

对于第④个表达式,系统将进行字符串连接运算,结果为 100200;

对于第⑤个表达式,系统将进行比较运算,结果为 False。

下面,用 Print 方法验证一下结果是否正确。

第一步:设计界面。

在窗体上画一个命令按钮 Command1。初始界面如图 2-1 所示。

第二步:编写代码并运行程序。

代码如图 2-2 所示。运行结果如图 2-3 所示。

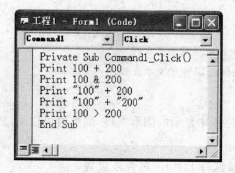

图 2-2 例 2-1 的代码

图 2-3 例 2-1 的运行结果

思 考 题

"information"+100 这个表达式的结果是多少?按照上面的方法上机验证一下吧!

五、实验内容

练习 2-1 阅读表 2-1 中的表达式,预估其结果。然后编写一个程序,当按下"确定"按钮后,利用 Print 方法,在窗体上显示表 2-1 中各个表达式的结果,并将结果填入下表。

表 2-1 表达式列表及结果

表达式	预期结果	运行结果
2 & 3		
2+3		
2+"3"		
str & "nihao"		
str+"nihao"		
str & i		
str+i		
i & "nihao"		
i+"nihao"		

第一步:设计界面。

(1) 新建一个工程,在工程的默认的窗体 Form1 中添加控件:命令按钮控件 Command1。

(2) 设置属性。设置 Command1 的属性,具体设置见表 2-2。

表 2-2 练习 2-1 的属性值

对象	属性	属性值	说明
Command1	Caption	确定	按钮的标题

程序运行的初始界面如图 2-4 所示。

图 2-4 练习 2-1 的初始界面

第二步:编写代码。

输入命令按钮 Command1 的单击(click)事件过程代码。

```
Private Sub Command1_Click()
Dim str As String,i As Integer
    str="hello":i=100
    Print 2 & 3:Print 2+3
    Print 2+"3":Print str & "nihao"
    Print str+"nihao":Print str & i
    Print str+i:Print i & "nihao"
    Print i+"nihao"
End Sub
```

练习 2-2 写一个程序,当按下"确定"按钮后,利用 Print 方法,在窗体上显示各个表达式的结果(设 amt 的值为"a",bmt 的值为 3)。

①bmt ②bmt+23 ③-bmt ④bmt-12 ⑤bmt * bmt

⑥10/bmt ⑦10\bmt ⑧9 Mod bmt ⑨amt & bmt ⑩amt>bmt

第一步:设计界面。

(1) 新建一个工程,在工程的默认的窗体 Form1 中添加控件:命令按钮控件 Command1。

(2) 设置属性。设置 Command1 的属性,属性值见表 2-3。

表 2-3　练习 2-2 的属性值

对象	属性	属性值	说明
Command1	Caption	确定	按钮的标题

程序运行的初始界面如图 2-5 所示。

图 2-5　练习 2-2 的初始界面

第二步:编写代码。

输入命令按钮 Command1 的单击(click)事件过程代码。

要求:输出上面 10 个表达式的值。将输入的代码填入下框空白处。

```
Private Sub Command1_click()
    Dim amt as String,bmt as integer
    amt="a":bmt=3




    End Sub
```

练习 2-3　编写一个程序,使用 Print 方法在图片框中输出字符串。要求实现单击 Command1 时在图片框 Picture1 中显示"你好,这个是我的程序",单击 Command2 时图片框中的文字被清除。

第一步:设计界面。

(1) 新建一个工程,在工程的默认的窗体 Form1 中添加控件:两个命令按钮控件 Command1~Command2 和图片框控件 Picture1。

(2) 设置属性,具体属性值见表 2-4。

表 2-4 练习 2-3 的属性值

对象	属性	属性值	说明
Command1	Caption	你好	按钮的标题
Command2	Caption	清除	按钮的标题
Picture1	BackColor	（白色）	图片框的背景色

程序运行的初始界面如图 2-6 所示。

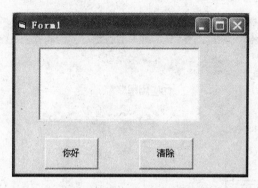

图 2-6 练习 2-3 的初始界面

第二步：编写代码。

要求实现单击 Command1 时在图片框 Picture1 中显示"你好，这个是我的程序"，单击 Command2 时图片框中的文字被清除。

输入命令按钮 Command1 和 Command2 的单击（Click）事件过程代码。将输入的代码填入下框空白处。

```
Private Sub Command1_Click()




End Sub
Private Sub Command2_Click()




End Sub
```

思 考 题

如果想要在图片框中显示图片应该如何实现？

六、进阶练习

编写一个应用程序,界面如图 2-7 所示。窗体中文字"VB 应用程序"为一标签控件,单击标题为"放大"的命令按钮,则"VB 应用程序"的字号放大一号,单击"缩小"按钮则反之;同时,窗体中还有 4 个含某种指向文字的按钮,若单击某个按钮,则使"VB 应用程序"向该按钮所指向的方向移动 50Twip。

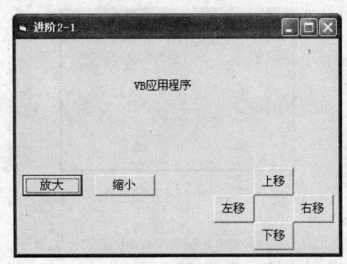

图 2-7 实验二进阶练习的运行界面

实验三 顺序程序设计(一)

一、实验目的

(1) 掌握顺序程序设计的方法。

(2) 掌握使用文本框控件进行输入、输出的方法。

(3) 掌握使用标签控件进行输出的方法。

二、实验环境

Visual Basic 6.0。

三、相关知识

1. 赋值语句

形式：

变量名=表达式

对象名.属性名=表达式

2. 用标签控件(Label)进行输出

形式：

标签名称.Caption="欲显示的文本"

3. 用文本框控件(TextBox)进行输出

形式：

文本框名称.Text="欲显示的文本"

注意：文本框的 Text 属性值为字符串型。如果要用文本框进行数据的输入，需要用 Val()函数将文本框里面的数据转换成数值型。

四、实验示例

例 3-1 输入半径，计算圆的周长和圆的面积。

要求：圆的周长用文本框输出；圆的面积用标签来输出。

第一步：设计界面。

(1) 在窗体上添加两个标签 Label1 和 Label2、两个文本框 Text1 和 Text2 和两个命令按钮 Command1 和 Command2。

(2) 设置相应控件的属性，界面如图 3-1 所示。

第二步：编写代码并运行程序，代码如图 3-2 所示。

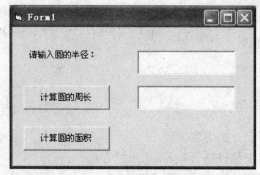

图 3-1　例 3-1 程序的运行界面

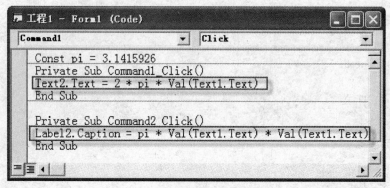

图 3-2　求圆的周长和面积的代码

五、实验内容

练习 3-1　在文本框中输入 3 种商品的单价、购买数量,计算并输出所用总金额。

第一步:设计界面。

(1)新建一个工程,在工程的默认窗体 Form1 中添加控件,即 14 个标签控件 Label1~Label14、命令按钮控件 Command1 和 7 个文本框 Text1~Text7。

(2)分别设置 Label1~Label14,Command1,Text1~Text7 的属性,具体属性值见表 3-1。程序的参考界面如图 3-3 所示。

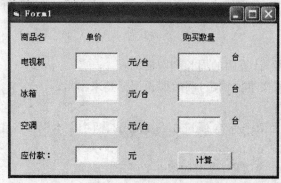

图 3-3　练习 3-1 程序的运行界面

表 3-1　练习 3-1 的属性值

对象	属性	属性值	说明
Command1	Caption	计算	按钮的标题
Label1～Label14	Caption	分别写成商品名称(如:电视机、冰箱等)、台、元/台、应付款	标签的内容
Text1～Text6	Text		文本框的内容
Text7	Text		文本框的内容
	Alignment	1-Right Justify	文本内容右对齐
	Locked	True	文本内容只读

第二步:编写代码并调试运行。

将命令按钮 Command1 的单击(Click)事件过程代码填入下框空白处。

```
    Private Sub Command1_Click()




    End Sub
```

您的输入是什么,输出是什么? 写在下框空白处。

练习 3-2　在文本框中输入长、宽、高,求长方体的表面积,并在标签中输出计算结果。

第一步:设计界面。

(1)新建一个工程,在工程的默认的窗体 Form1 中添加控件,即 4 个标签控件 Label1～Label4、命令按钮控件 Command1 和 3 个文本框 Text1～Text3。

(2)设置属性。分别设置 Label1～Label3,Command1,Text1～Text3 的属性。具体的属性值见表 3-2。

表 3-2 练习 3-2 的属性值

对象	属性	属性值	说明
Command1	Caption	计算	按钮的标题
Label1～Label3	Caption	分别写成长、宽、高	标签的内容
Label4	Caption		输出结果
Text1～Text3	Text		文本框的内容

第二步：编写代码并调试运行之。

将命令按钮 Command1 的单击（Click）事件过程代码填入下框空白处。

```
Private Sub Command1_Click()




















End Sub
```

将输入和输出结果填入下框空白处。

思 考 题

如果用户在文本框中输入的不是数字,程序将不能正确运行。如何对输入的数据进行合法性检查?

六、进阶练习

运行时,在文本框 Text1 和 Text2 中输入某一范围后,单击"随机抽号"按钮,在标签上产生指定范围内的随机整数,实现在任意指定范围内随机抽取号码。程序的运行界面如图 3-4 所示。

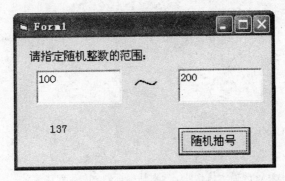

图 3-4　程序的运行界面

实验四 顺序程序设计(二)

一、实验目的

(1) 掌握顺序程序设计的方法。

(2) 掌握输入框和消息框的使用。

二、实验环境

Visual Basic 6.0。

三、相关知识

1. 输入对话框(InputBox)

形式:

<变量名>=InputBox(<提示信息>[,[<对话框标题>][,<默认值>]])

注意:InputBox 函数的返回值是字符串,如果要得到数值类型数据,应该用 Val() 函数进行类型转换。

例如,若有

a=Val(InputBox("请输入成绩:","成绩输入",85))

则弹出的消息框如图 4-1 所示。

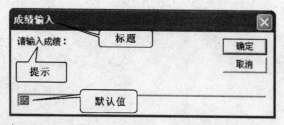

图 4-1 InputBox 函数打开的对话框示例

2. 消息对话框(MsgBox)

函数使用格式:

<变量名>=MsgBox(<提示信息>[,<对话框类型>][,<对话框标题>])

过程使用格式:

Msgbox <提示信息>[,<对话框类型>][,<对话框标题>]

例如,若有

MsgBox "数据非法,请重新输入!",2+vbExclamation,"错误提示"

则弹出的消息框如图 4-2 所示。其中，2＋vbExclamation 中的 2 决定了按钮的数目及样式，vbExclamation 决定了图标的类型。

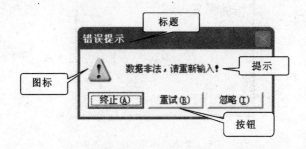

图 4-2　MsgBox 函数或过程打开的对话框

四、实验示例

例 4-1　用 InputBox 函数输入一个成绩，用 MsgBox 过程提示输入的成绩。代码如图 4-3 所示。运行结果如图 4-4 和 4-5 所示。

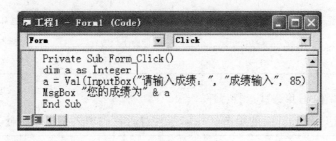

图 4-3　例 4-1 的代码

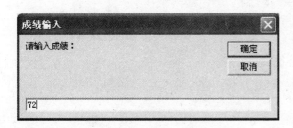

图 4-4　InputBox 函数打开的对话框　　　　图 4-5　MsgBox 打开的对话框

五、实验内容

练习 4-1　使用对话框函数 MsgBox()输出球体的体积（$V＝4/3 * 3.14 * R^3$）。运行效果如图 4-6 所示。

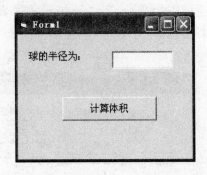

图 4-6　求球的体积的运行界面

第一步：设计界面。

（1）新建一个工程，在工程的默认的窗体 Form1 中添加控件，即 1 个标签控件 Label1、一个命令按钮控件 Command1 和 1 个文本框 Text1。

（2）设置属性。具体的属性值见表 4-1。

表 4-1　练习 4-1 的属性值

对象	属性	属性值	说明
Command1	Caption	计算体积	按钮的标题
Label1	Caption	球的半径为：	标签的内容
Text1	Text		文本框的内容

第二步：编写代码并调试运行程序。

将命令按钮 Command1 的单击（Click）事件过程代码填入下框空白处。

第三步：调试运行。

将运行结果填入下框空白处（包括输入数据和输出结果）。

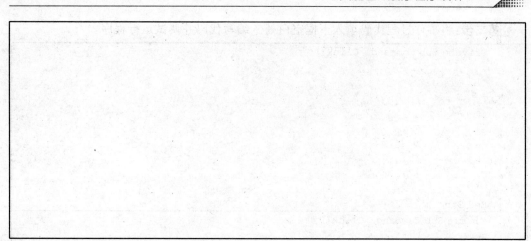

练习 4-2 按"转大写"按钮,将使用对话框函数 InputBox() 输入的英文字母变为大写;按"转小写"按钮,将用 InputBox() 函数输入的英文字母变为小写,使用对话框函数 MsgBox() 输出转换结果。其中,按"转大写"按钮的运行效果如图 4-7 所示。

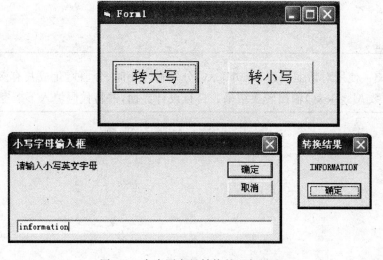

图 4-7 大小写字母转换的运行界面

第一步:设计界面。

(1) 新建一个工程,在工程的默认的窗体 Form1 中添加控件,即 2 个命令按钮控件 Command1,Command2。

(2) 设置属性。分别设置 Command1 和 Command2 的属性。见表 4-2。

表 4-2 练习 4-2 的属性值

对象	属性	属性值	说明
Command1	Caption	转大写	按钮的标题
Command2	Caption	转小写	按钮的标题

第二步:将事件过程代码填入下框空白处。编写代码并调试运行程序。

```
    Private Sub Command1_Click()




















    End Sub
    Private Sub Command2_Click()

















    End Sub
```

练习 4-3　使用对话框函数 InputBox()分别输入小时、分、秒,化成共有多少秒,然后用对话框函数 MsgBox()输出转换结果。自行设计界面,并将代码填入下框空白处。

六、进阶练习

　　用文本框输入平面坐标系两点的坐标,单击命令按扭求两点间的距离,结果用MsgBox输出,界面自定。

🖋 实验五　分支程序设计(一)

一、实验目的

(1) 掌握逻辑表达式的正确书写。
(2) 掌握简单分支程序设计的方法。
(3) 掌握单条件选择语句和 IIF 函数的使用。

二、实验环境

Visual Basic 6.0。

三、相关知识

1. If...Then 语句(单分支结构)

格式:

```
If <表达式>Then
        语句块
End If
```

或

```
If <表达式>Then <语句块>
```

说明:表达式一般为关系表达式、逻辑表达式,也可以为算术表达式,非 0 为 True,0 为 False;语句块可以是一条或多条;如果写在一行上面,无须写 End If。

2. If...Then...Else 语句(双分支结构)

格式:

```
If <表达式>Then
        <语句块 1>
Else
        <语句块 2>
End If
```

或

```
If <表达式>Then <语句块 1>Else <语句块 2>
```

3. IIF 函数

格式:

```
IIf(条件,True 部分,False 部分)
```

功能:当条件为真时,返回 True 部分的值为函数值,而当条件为假时,返回 False 部分的值为函数值。

说明：

(1) 条件是逻辑表达式或关系表达式。

(2) True 部分和 False 部分是表达式。

四、实验示例

例 5-1 输入两个数 x 和 y，输出其中的大者。要求分别用 If 语句的单分支结构、双分支结构和 IIF 函数来实现。

第一步：设计界面。

(1) 在窗体上添加三个标签 Label1～Label3，三个文本框 Text1～Text3 和一个命令按钮 Command1。

(2) 设置相应控件的属性。界面如图 5-1 所示。

第二步：编写代码并运行程序。

方法一：用 If 语句的单分支结构来实现。代码如图 5-2 所示。

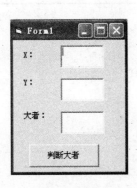

图 5-1 例 5-1 程序的运行界面

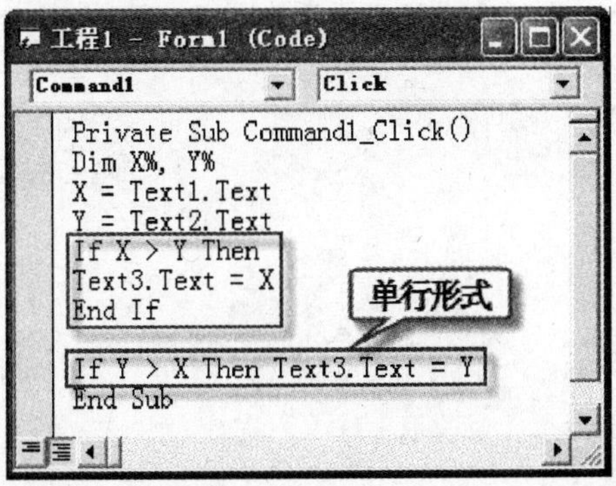

图 5-2 用 If 语句的单分支结构来实现

方法二：用 If 语句的双分支结构来实现。代码如图 5-3 所示。

方法三：IIF 函数来实现。代码如图 5-4 所示。

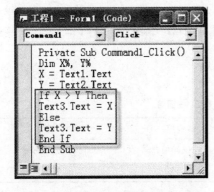

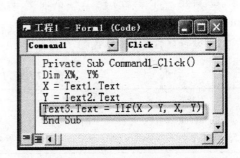

图 5-3 用 If 语句的双分支结构实现

图 5-4 用 IIF 函数来实现

五、实验内容

练习 5-1　任意输入一个整数,判定该整数的奇偶性。要求将判断结果用 MsgBox 输出。

第一步:设计界面。

(1) 新建一个工程,在工程的默认的窗体 Form1 中添加控件:一个标签控件 Label1,一个命令按钮控件 Command1,一个文本框控件 Text1。

(2) 设置各个控件的属性。各个属性值见表 5-1。

表 5-1　练习 5-1 的属性值

对象	属性	属性值	说明
Command1	Caption	判断奇偶性	按钮的标题
Label1	Caption	请输入一个数:	标签的内容

第二步:编写代码并调试运行程序。

将 Command1 的 Click 事件过程代码填写入下框空白处。

练习 5-2　任给三个实数,求其中间数(即其值大小居中者)。

要求:这三个数用 InputBox 函数来输入。

第一步:设计界面。

(1) 新建一个工程,在工程的默认的窗体 Form1 中添加控件,即一个标签控件 Label1,一个命令按钮控件 Command1。

(2) 设置属性,具体设置参考表 5-2。

表 5-2　练习 5-2 的属性值

对象	属性	属性值	说明
Command1	Caption	找中间值	按钮的标题
Label1	Caption		标签的内容

第二步:将下框中的代码填写完整,并上机调试运行。

```
    Private Sub Command1_Click()
        a=Val(InputBox("输入第 1 个数:"))
        b=Val(InputBox("输入第 2 个数:"))
        c=Val(InputBox("输入第 3 个数:"))
        If a>b Then
           If b>c Then
           _____
           ElseIf a>c Then
             k=c
           Else
             k=a
           End If
        Else
         If a>c Then
            k=a
         _____
         k=c
         Else
         k=b
         End If
        End If
        Label1.Caption="中间数为:"&k
    End Sub
```

练习 5-3　输入 a,b,c 的值,判断它们能否构成三角形。如果能构成一个三角形,则计算三角形的面积。

第一步:设计界面。

(1) 新建一个工程,在工程的默认的窗体 Form1 中添加控件,即一个标签控件 Label1,一个命令按钮控件 Command1。

(2) 设置 Command1 的属性为"求三角形的面积"。

第二步:将下框中的代码补充完整,并调试运行之。

```
    Private Sub Command1_Click()
        a=Val(InputBox("输入第 1 个数:"))
        b=Val(InputBox("输入第 2 个数:"))
        c=Val(InputBox("输入第 3 个数:"))
        If _____ Then
          p=(a+b+c)/2
          s=Sqr(p*(p-a)*(p-b)*(p-c))
         Label1.Caption="三角形的面积为:"& _____
        Else
        Label1.Caption="a,b,c 不能够成三角形"
        End If
    End Sub
```

六、进阶练习

编写一个简易学生成绩管理系统,要求输入姓名和成绩,点击"添加"按钮后,在文本框中追加并换行显示"姓名"、"成绩"和"合格"或"不合格"信息。运行界面如图 5-5 所示。

提示:换行追加并且显示时,可用 Text1. Text = Text1. Text & vbCrLf & (待追加并显示的字符串)。

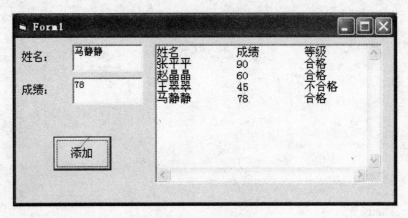

图 5-5　程序的运行界面

实验六 分支程序设计(二)

一、实验目的

(1) 掌握多分支程序设计的方法。
(2) 掌握多条件选择语句和 SELECT 语句的使用。
(3) 掌握单选按钮、复选框和计时器的使用。

二、实验环境

Visual Basic 6.0。

三、相关知识

1. If...Then...ElseIf 语句(多分支结构)

格式：
```
If <表达式 1>Then
    <语句块 1>
ElseIf <表达式 2>Then
    <语句块 2>
        …
ElseIf <表达式 n>Then
    <语句块 n>
[Else
    语句块 n+1]
End If
```
不管有几个分支,依次判断,当某条件满足,执行相应的语句块,其余分支不再执行；若条件都不满足,且有 Else 子句,则执行该语句块,否则什么也不执行。Else If 不能写成 Else If。

2. Select Case 语句(情况语句)

格式：
```
Select Case 测试表达式
    Case 表达式 1
        语句块 1
    Case 表达式 2
        语句块 2
```

```
        ...
    [Case Else
        语句块 n+1]
    End Select
```

测试表达式值的类型是数值型、字符串型等，一旦与某个 Case 后的表达式值相匹配，则执行这个 Case 中的语句块，完成后执行 End Select 后的语句。如果所有的 Case 后的表达式都不与测试表达式匹配，则执行 Case Else 后的语句。

Case 后面表达式 i 是与测试表达式同类型的下面 4 种情况之一：

（1）单个常量、变量或表达式。例如：

```
case 90
case "tom"
```

（2）使用关键字"To"连接的两个值。例如：

```
case 1 To 5
case "A" To "C"
```

（3）Is 关系运算符表达式。例如：

```
case Is< 60
```

（4）以上三种的组合形式（使用逗号分隔）。例如：

```
case 6,8 To 9,Is>12
```

3．单选按钮和复选框的主要属性

1）Caption 属性

文本标题。

2）Alignment 属性

0：控件钮在左边，标题显示在右边。
1：控件钮在右边，标题显示在左边。

3）Value 属性

单选按钮（逻辑型）	复选框（数值型）
True：选定	0—Unchecked：未被选定
False：未选定	1—Checked：选定
	2—Grayed：灰色

4．计时器控件

计时器（Timer）是 VB 提供的一个用于定时的特殊控件，当到达预定时间时，系统会自动触发其 Timer 事件，以便完成指定的操作。

主要属性为 Enabled 和 Interval。Enabled：属性为 True 时，定时器开始工作，为 False 时暂停。Interval 属性用来设置定时器触发的周期（以毫秒计）取值范围为 0～65 535。

四、实验示例

例 6-1 计算如下分段函数的值，x 的值从键盘输入。要求用 If 语句的多分支结构和 Select 分情况语句分别实现。

$$y = \begin{cases} x & (x < 1) \\ 2x - 1 & (1 \leqslant x \leqslant 10) \\ 3x - 11 & (x > 10) \end{cases}$$

第一步:设计界面。

在窗体上添加一个标签、两个文本框和一个命令按钮,初始化界面如图 6-1 所示。

第二步:编写代码并调试运行程序。

方法一:用 If 语句的多分支结构编写代码如图 6-2 所示。

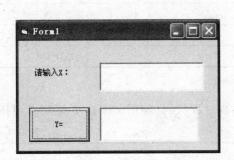

图 6-1 例 6-1 程序的运行界面   图 6-2 用 If 语句的多分支结构实现

方法二:用 Select 分情况语句编写代码如图 6-3 所示。

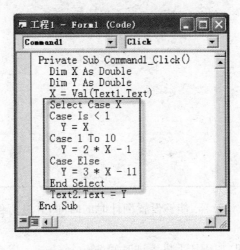

图 6-3 用 Select 分情况语句实现

至于单选按钮、复选框和计时器,都是一些基本的控件,这里不再举例。

五、实验内容

练习 6-1 输入一个数字(0~6),用中英文显示星期几。

第一步:设计界面。

(1) 新建一个工程,在工程的默认窗体 Form1 中添加控件,即一个标签控件 Label1,一个命令按钮控件 Command1,一个文本框 Text1。

(2) 设置属性。分别设置 Label1,Command1 的属性,具体设置见表 6-1。

表 6-1 练习 6-1 的属性值

对象	属性	属性值	说明
Command1	Caption	显示星期	按钮的标题
Text1	Text	0	文本框的内容
Label1	Caption		标签的内容
	WordWrap	True	文本打折
	AutoSize	True	自动适应大小

第二步:编写代码并调试运行程序。

输入命令按钮 Command1 的单击(Click)事件过程代码(使用文本框输入 0~6,判断结果在 Label1 中输出),将代码填入下框空白处。

练习 6-2 设计一个计时器,能够设置倒计时的时间,并进行倒计时。

设计要求:

(1) 可设置定时时间,如 VB 上机考试时间 90 min;

(2) 按"开始"按钮,开始倒计时,时间显示格式为 00:00;

(3) 按"暂停"按钮,停止计时,显示剩余的时间;

(4) 按"重置"按钮,停止计时,时间读数还原为 90 min;

(5) 时间到,弹出对话框通知用户;

(6) 按"退出"按钮,关闭窗体,退出应用程序。

第一步:设计界面。

(1) 新建一个工程,在工程的默认的窗体 Form1 中添加控件,即 4 个命令按钮 Command1~Command4,1 个计时器 Timer1,1 个文本框 Text1。

(2) 设置各个控件的相应属性。具体属性值见表 6-2。

表 6-2 练习 6-2 的属性值

对象	属性	属性值	说明
Text1	Text	90:00	文本框的内容
Command1	Caption	开始	按钮的标题
Command2	Caption	暂停	按钮的标题
Command3	Caption	重置	按钮的标题
Command4	Caption	退出	按钮的标题
Timer1	Interval	1000	
Timer1	Enabled	False	关闭计时器

第二步:编写代码并调试运行程序。

将代码补充完整并填写在下框的空格中。

```
Dim t As Integer
Private Sub Command1_Click()
    t=60*Val(Left(Text1,2))+Val(Mid(Text1,4,2))
    Timer1.Enabled = _____
End Sub


Private Sub Command2_Click()
    _____
End Sub


Private Sub Command3_Click()
    Timer1.Enabled=False
    Text1.Text="_____"
End Sub


Private Sub Command4_Click()
    _____
End Sub


Private Sub Timer1_Timer()
    Dim n1 As String,n2 As String

    _____
    n1=Format(t Mod 60,"00")
```

```
n2=Format(Int(t/60),"00:")
Text1.Text=_____
If (t=0) Then
Timer1.Enabled=_____
MsgBox ("时间到!")
End If
```

思　考　题

将倒计时改为正计时,应该如何修改程序?

练习 6-3　如图 6-4 所示,用框架、单选按钮、复选框等控件实现对文本框中文字的字体、粗斜体属性的设置。

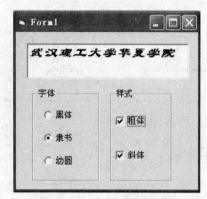

图 6-4　练习 6-3 程序的运行界面

第一步:设计界面。

(1) 新建一个工程,在工程的默认的窗体 Form1 中添加控件,即一个文本框 Text1 和两个框架 Frame1 和 Frame2。选中 Frame1,在其中增加三个单选钮 Option1~Option3。选定 Frame2,在其中增加两个复选框 Check1 和 Check2。

(2) 设置相应控件的属性,根据图 6-4 自行设计界面。

第二步:编写代码并调试运行程序。

将代码填入下框空白处。

六、进阶练习

对于实验五中的进阶练习,如果要求将等级按优(90～100)、良(80～89)、中(70～79),及格(60～69)和不及格进行分类统计,该如何实现?

实验七 循环程序设计

一、实验目的

(1) 掌握循环的基本概念。

(2) 掌握 For 循环、Do…Loop While/Until 循环和 Do While/Until…Loop 循环。

(3) 掌握如何利用循环条件来控制循环,防止死循环的出现。

二、实验环境

Visual Basic 6.0。

三、相关知识

1. 循环的基本概念

循环是在指定的条件下多次重复执行一组语句。多次重复执行的一组语句称为循环体。

2. For 循环语句(知道循环次数的计数型循环)

语句形式:

```
For 循环变量=初值 To 终值 [Step 步长]
    循环体
Next 循环变量
```

3. Do…Loop 循环(不知道循环次数的条件型循环)

形式 1:

```
Do [While/Until 条件]
    循环体
Loop
```

形式 2:

```
Do
    循环体
Loop [While/Until 条件]
```

其中,形式 1 为先判断后执行,有可能一次也不执行;形式 2 为先执行后判断,至少执行一次;关键字 While 用于指明条件为真时就执行循环体中的语句,Until 刚好相反。

四、实验示例

例 7-1　用三种循环语句来实现如下图案的输出。要求用 For 语句实现 * 号组成的三角形的输出,放入 Picture1,用 Do While…Loop 语句实现由 # 号组成的三角形的输出,放入 Picture2 中,用 Do Until…Loop 语句实现由 $ 号组成的三角形的输出,放入 Picture3 中。程序的运行界面如图 7-1 所示。

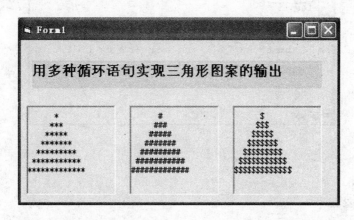

图 7-1　多种循环语句实现三角形图案的输出界面

第一步:设计界面。

(1) 新建一个工程,在工程默认的窗体 Form1 中添加控件,即一个标签 Label1,三个图片框 Picture1～Picture3。

(2) 设置各个控件的相应属性。程序的界面如图 7-1 所示。

第二步:编写代码并调试运行程序。

分析:循环体内的显示用 String 函数来实现,有两个难点。

① 要找出循环控制变量与 String 函数内字符个数的关系,通过分析,不难看出:第 1 行输出 1 个符号,第 2 行输出 3 个符号,第 3 行输出 5 个符号,也就是第 i 行输出 2*i−1 个符号。

② 控制每一行的起始位置,通过分析,可以看出,第 1 行,从第 7 列开始输出,第 2 行,从第 6 列开始输出,第 3 行,从第 5 列开始输出,第 i 行,从第 8−i 列开始输出。

也就是说,循环体内的语句为(以 * 号为例)

```
Picture1.Print Tab(8-i);String(2*i-1,"*")
```

接下来,分别用三种循环语句来实现即可。

注意:不同的语句中,循环变量的初值如何设置以及如何改变循环控制变量的值。

代码如图 7-2 所示。特别注意图中圈起来的地方。

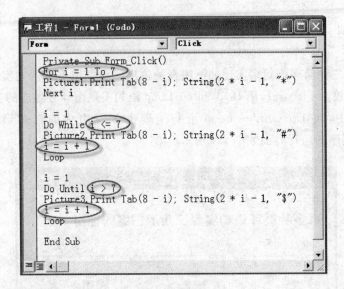

图 7-2 全部代码

五、实验内容

练习 7-1 计算 1～N 的奇、偶数之和（N 为自然数，从键盘输入）

第一步：设计界面。

（1）新建一个工程，在工程默认的窗体 Form1 中添加控件，即 3 个文本框 Text1～Text3，4 个标签 Label1～Label4，1 个按钮 Command1。

（2）设置各个控件的相应属性，程序的参考界面如图 7-3 所示。

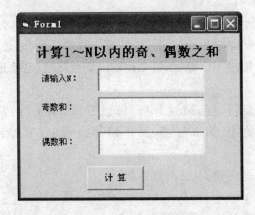

图 7-3 练习 7-1 程序的运行界面

第二步：编写代码并调试运行程序。

将代码填入下框空白处。

练习 7-2 计算 $S=1+(1+2)+(1+2+3)+\cdots+(1+2+3+\cdots+n)$ 的值。

第一步:设计界面。

(1) 新建一个工程,在工程的默认的窗体 Form1 中添加控件,即一个命令按钮 Command1,两个文本框 Text1 和 Text2,两个标签 Label1 和 Label2。

(2) 设置各个控件的相应属性,程序的参考界面如图 7-4 所示。

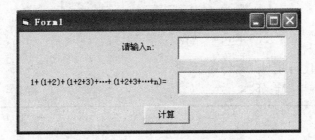

图 7-4 练习 7-2 程序的运行界面

第二步:编写代码并调试运行程序。

将代码补充完整并填入下框的空格中。

```
Private Sub Command1_Click()
    n=Val(Text1.Text)
    S=1
    t=1
    For i=2 To n
    t=_____
    S=_____
    Next i
    Text2.Text=S
End Sub
```

思 考 题

将 S 用 S=1+(1 * 2)+(1 * 2 * 3)+…+(1 * 2 * 3 * … * n)来计算,代码应如何修改?

练习 7-3 利用 e^x 的近似公式计算 e(直到最后一项小于 10^{-6} 为止),公式如下:

$$e^x \approx 1+\frac{x}{1!}+\frac{x^2}{2!}+\cdots+\frac{x^n}{n!}$$

第一步:设计界面。

(1) 新建一个工程,在工程的默认的窗体 Form1 中添加控件,即一个命令按钮 Command1,一个文本框 Text1,两个标签 Label1 和 Label2。

2. 设置各个控件的相应属性,程序的参考界面如图 7-5 所示。

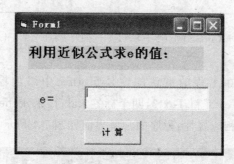

图 7-5 练习 7-3 程序的运行界面

第二步:编写代码并调试运行程序。

将代码填入下框空白处。

练习 7-4 使用双重循环，输出如图 7-6 所示的"九九乘法表"。

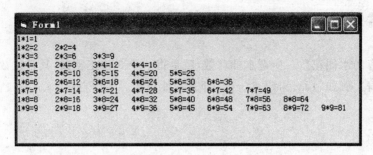

图 7-6 九九乘法表

根据图中的运行结果写出代码，填入下框空白处。

六、进阶练习

显示所有的水仙花数。所谓水仙花数,就是指一个 3 位正整数,其各位数字的立方和等于该数本身。例如,$153 = 1^3 + 5^3 + 3^3$,即为水仙花数。界面自定。

实验八 数组程序设计

一、实验目的

(1) 掌握数组的声明、数组元素的引用形式。

(2) 掌握数组的基本操作和常用算法(特别是排序算法)。

(3) 掌握列表框和组合框的使用。

二、实验环境

Visual Basic 6.0。

三、相关知识

1. 数组的声明及数组元素的引用方法

1) 一维数组的声明及元素的引用形式

声明格式:

　　Dim 数组名([下界 To]上界)[As 数据类型]

或

　　Dim 数组名[数据类型]([下界 To]上界)

引用形式:

　　数组名(下标)

2) 二维数组的声明及元素的引用形式

声明格式:

　　Dim 数组名([下界 To]上界,[下界 To]上界)[As 数据类型]

引用形式:

　　数组名(下标1,下标2)

2. 数组的基本操作及常用算法

1) 给数组元素赋值

(1) 直接给指定数组元素赋值、或使用数组元素的值。例如:

　　A(6)=100

(2) 通过循环结构对数组元素一一地赋值。例如:

```
Dim A(1 To 10)As Integer
    For i=1 To 10
        A(i)=0
    Next i
```

（3）利用 Array 函数给数组元素赋初值。例如：

```
Dim a()
A=Array(1,5,3,2,7,9)
```

2）数组元素的输出

一般通过循环结构来进行。例如：

```
For i=1 To 10
  Print a(i);
Next i
```

3）数组的排序

通常采用选择法或冒泡法。

3. 动态数组的使用

在设计阶段，并不知道数组究竟有多大，而无法声明数组大小，这时候可以采用动态数组。

动态数组的建立分为以下两个步骤。

（1）用 Dim 语句声明数组，但不能指定数组的大小，语句形式为

```
Dim 数组名()As   数据类型
```

（2）用 ReDim 语句指明该数组的大小，语句形式为

```
ReDim[Preserve]数组名(下标1[,下标2...])[As 数据类型]
```

4. 列表框和组合框的主要属性及方法

1）主要属性

Text,列表框/组合框中被选定项目的文本内容。

2）主要方法

（1）AddItem,该方法用来在列表框/组合框中插入一个选项。格式为

```
列表框/组合框.AddItem 项目字符串[,索引值]
```

（2）Clear,该方法用来清除列表框/组合框中的全部选项。格式为

```
列表框/组合框.Clear
```

（3）RemoveItem,该方法用来删除列表框/组合框中指定的选项。格式为

```
列表框/组合框.RemoveItem 索引值
```

四、实验示例

例 8-1　随机产生 10 个 10～99 之间的整数,求出平均值、最大值、最小值。要求将这 10 个数按每行 5 个显示在图片框中。

第一步：设计界面。

（1）新建一个工程,在工程默认的窗体 Form1 中添加控件：一个命令按钮 Command1, 两个标签 Label1 和 Label2,一个图片框 Picture1。

（2）设置各个控件的相应属性。程序的界面如图 8-1 所示。

图 8-1　例 8-1 程序的运行界面

第二步：编写代码并调试运行程序。

用数组来存放这 10 个数，注意声明数组和引用数组元素的方式，如图 8-2 所示。

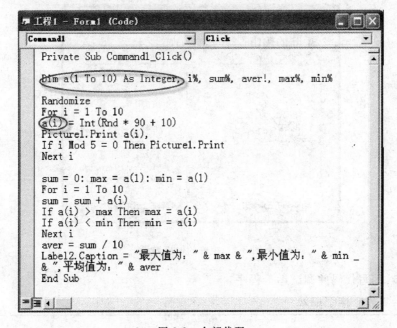

图 8-2　全部代码

程序的运行结果如图 8-3 所示。

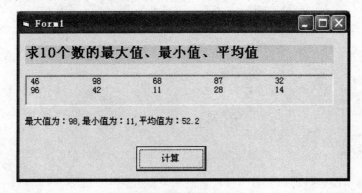

图 8-3　程序运行结果

五、实验内容

练习 8-1　利用随机函数生成两个 4×4 的矩阵 A 和 B,要求矩阵的元素值在[10,99]范围内,在 Picture1 中显示矩阵 A,在 Picture2 中显示矩阵 B,以下三角形式将 A 数组显示在 Picture3 中,以上三角形式将数组 B 显示在 Picture4 中。

第一步:设计界面。

(1) 新建一个工程,在工程默认的窗体 Form1 中添加控件,即 4 个图片框 Picture1～Picture4,5 个标签 Label1～Label5。

(2) 设置各个控件的相应属性,程序的界面如图 8-4 所示。

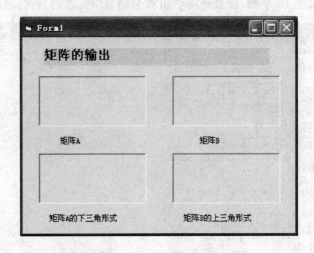

图 8-4　矩阵的输出界面

第二步:编写代码并调试运行程序。

将代码填入下框空白处。

练习 8-2 利用选择排序法对给定的 n 个数进行排序（按升序排序）。

第一步：设计界面。

（1）新建一个工程，在工程默认的窗体 Form1 中添加控件：一个标签 Label1，两个列表框 List1 和 List2（一个显示待排数据序列，一个显示已排数据序列），两个按钮 Command1 和 Command2。

（2）设置各个控件的相应属性，程序的界面如图 8-5 所示。

图 8-5 选择法排序的运行界面

第二步：编写代码并调试运行程序。

将代码填入下框空白处。

思 考 题

如何用冒泡法进行降序排序?

练习 8-3 输入一串字符,统计各字母出现的次数(不区分大小写)。

第一步:设计界面。

(1) 新建一个工程,在工程默认的窗体 Form1 中添加控件:两个标签 Label1 和 Label2,一个文本框 Text1,一个图片框 Picture1,一个按钮 Command1。

(2) 设置各个控件的相应属性。程序的界面如图 8-6 所示。

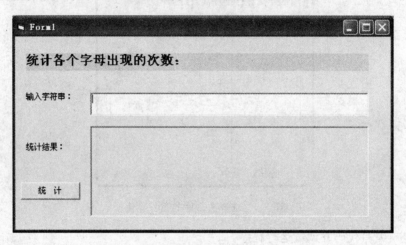

图 8-6 统计各个字母出现次数的运行界面

第二步:编写代码并调试运行程序。

将代码填入下框空白处。

六、进阶练习

在窗体上输出一个 N 行 N 列、主对角线和次对角线元素为 1、其余元素均为 0 的矩阵,N 由用户自定。

实验九　过程和函数程序设计

一、实验目的

(1) 掌握函数过程和自定义子过程的定义和调用方法。

(2) 掌握形参和实参的对应关系。

(3) 掌握传值和传址两种参数传递方法以及两种方法之间的区别。

(4) 熟悉程序设计中的常用算法。

二、实验环境

Visual Basic 6.0。

三、相关知识

1. 函数过程和自定义子过程的定义

函数过程的定义形式：

[Private|Public][Static]Function 函数过程名 ([形式参数列表]) [As 数据类型]

局部变量或常数定义

语句块 1

函数过程名=返回值

Exit Function

语句块 2

函数过程名=返回值

End Function

子过程的定义形式：

[Private|Public][Static]Sub 子过程名 ([形式参数列表])

局部变量或常数定义

语句块 1

Exit Sub

语句块 2

End Sub

2. 函数过程和自定义子过程的创建

创建函数过程和自定义子过程有以下两种方法。

（1）在窗体的"代码窗口"或标准模块的"代码窗口"中直接按定义形式输入。

（2）通过选择"工具"菜单中的"添加过程"命令。

3．函数过程和自定义子过程的调用

函数过程的调用形式：函数过程名（实参列表）

自定义子过程的调用形式有两种：

Call 过程名 （实参列表）

或

过程名 ［实参列表］

4．参数的传递方式

参数的传递方式有传址与传值两种。

1）传址

将实参的地址传递给形参，形实结合之后，形参和实参共用同一个存储单元，对形参的任何操作，也就是对实参所作的操作。在形参前加关键字 ByRef 或缺省关键字，则指定该参数是传地址方式。

2）传值

将实参的值复制给形参，无论函数过程体中形参怎样变化，实参均不受影响。在形参前加关键字 ByVal，则指定该参数是传值方式。

四、实验示例

例 9-1 编写一个求矩形面积的函数过程。给定矩形的长和宽，调用函数过程求得矩形的面积。

第一步：设计界面。

（1）新建一个工程，在工程默认的窗体 Form1 中添加控件，即一个命令按钮 Command1，四个标签 Label1～Label4，三个文本框 Text1～Text3。

（2）设置各个控件的相应属性。程序的界面如图9-1 所示。

第二步：编写代码并调试运行程序。

（1）编写函数过程求矩形的面积。有两种方法来创建函数过程，一种是在代码窗口的通用部分直接输入，如图 9-2 所示；另一种是通过选择"工具"菜单中的

图 9-1 求矩形面积的运行界面

"添加过程"命令，如图 9-3 所示。输入名称并选择函数之后，系统生成了一个函数框架，如图 9-4 所示，将其补充完整即可。

（2）编写"计算"按钮的单击事件过程，调用 RecArea 求得矩形的面积，如图 9-5 所示。

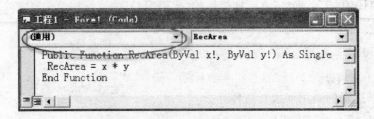

图 9-2　在代码窗口中直接输入函数过程

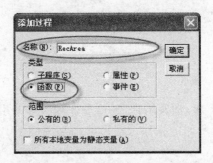

图 9-3　"添加过程"对话框

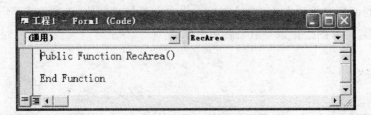

图 9-4　系统生成的函数过程框架

```
工程1 - Form1 (Code)
Command1                    Click
    Public Function RecArea(ByVal x!, ByVal y!) As Single
     RecArea = x * y
    End Function

    Private Sub Command1_Click()
    Dim a!, b!
    a = Val(Text1.Text): b = Val(Text2.Text)
    Text3.Text = RecArea(a, b)
    End Sub
```

图 9-5　全部代码

五、实验内容

　　练习 9-1　编制判断是否同时被 17 与 37 整除的 Function 过程。输出 1 000～2 000

之间所有能同时被 17 与 37 整除的数。

第一步:设计界面。

(1)新建一个工程,在工程默认的窗体 Form1 中添加控件,即三个命令按钮 Command1~Command3,一个标签 Label1,一个列表框 List1。

(2)设置各个控件的相应属性,程序的参考界面如图 9-6 所示。

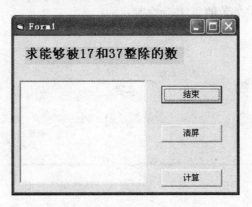

图 9-6 求能够被 17 和 37 整除的数的运行界面

第二步:编写代码并调试运行程序。

将代码填入下框空白处。

练习 9-2 编写求两数最大公约数的 Function 过程。在主程序中输入三个整数,调用 Function 过程求出三个整数的最大公约数。

第一步:设计界面。

（1）新建一个工程,在工程默认的窗体 Form1 中添加控件,即 1 个命令按钮 Command1,
5 个标签 Label1～Label5,4 个文本框 Text1～Text4。

（2）设置各个控件的相应属性,程序的参考界面如图 9-7 所示。

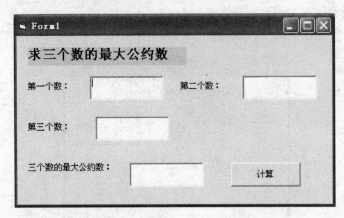

图 9-7　求三个数的最大公约数运行界面

第二步:编写代码并调试运行程序。

将代码填入下框空白处。

实验十 "5ic"机考系统的应用

一、实验目的

(1) 了解"5ic"机考系统的辅导系统的使用方法。

(2) 熟练掌握"5ic"机考系统的考试全过程。

二、实验环境

Visual Basic 6.0,局域网系统。

三、考试系统使用方法介绍

"我爱 C"辅助教学平台提供的《Visual Basic 程序设计》辅助教学系统由练习系统和考试系统两部分组成。

练习部分请访问 www. 5ic. net. cn 或 www. daydayup. net. cn,进入后选择"Visual Basic 程序设计"课程。通过网页完成练习,请参阅相关操作说明。

考试系统分为教师服务器和基础考试学生端两个软件。本软件在考试时作为学生客户端使用。

注意:"我爱 C"辅助教学平台提供的考试系统在调试编程题的时候使用"Microsoft Visual Basic 6.0"编译环境。首先应确认您使用的编译环境是正确的。

下面是考试系统使用方法介绍。

1. 安装软件

很多学校的学生机房里的计算机都安装了保护卡,系统盘禁止数据存储,因此本软件没有安装过程。

用户从 www. 5ic. net. cn 下载的是一个自解压的压缩包,文件名是"VB 考试学生端. exe"。如果在学校的公用机房上机,建议下载到非保护硬盘上,这样可以在计算机发生重新启动等情况下仍然能保留数据。目前各种移动存储设备已非常普及,也可以将考试系统安装在移动存储设备上。

运行该文件,将进入自解压过程,运行界面如图 10-1 所示。

请注意图中"目标文件夹"的内容,这里提示的是软件释放后安装的位置。如果希望软件安装在其他位置,可单击"浏览"按钮,选择软件的安装目录,但目录必须是根目录。

单击"安装"按钮后将认可的目标文件夹下生成一个"基础考试学生端"目录,该系统

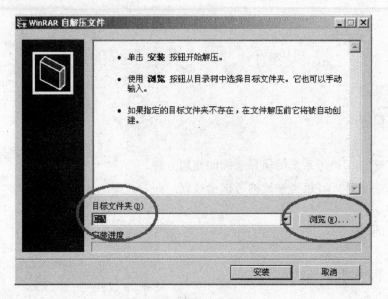

图 10-1 解压考试学生端

的全部软件都安装在该目录下。

注意：一旦安装完毕，不要更改、移动或删除该目录下的任何文件，否则有可能造成系统运行失败。

2．软件启动

打开"基础考试学生端"目录，可以看到如图 10-2 所示的几个文件。

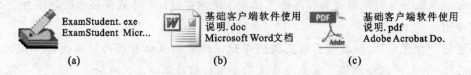

图 10-2 考试学生端文件

双击图 10-2(a)所示的"ExamStudent. exe"图标，则启动考试系统客户端软件。

3．登录系统

1）登录流程

系统首先出现的是用户登录界面，如图 10-3 所示。

(1) 在"学号"后面的文本框输入学号。

(2) 在"密码"后面的文本框输入在"我爱 C"网站上登录时使用的密码，如果没有登录过"我爱 C"辅助教学平台的网站，默认密码设定为学号。

(3) 准确输入监考教师给出的本次考试的考试服务器 IP 地址。

(4) 准确输入学号、密码和 IP 地址信息后，"开始"按钮将由初始状态——灰色禁止状态，变为可用状态，此时单击"开始"按钮即可进入考试状态。

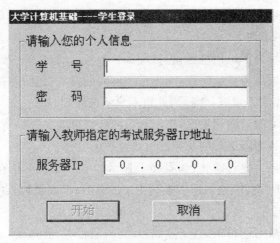

图 10-3　登录主界面

2）登录错误提示

系统可能会出现的错误提示以及对应的操作有以下这些。

（1）个人信息错误，需要核对自己的学号和密码。

（2）客户端版本错误，正在使用的客户端版本过低，需下载新的客户端。

（3）文件结构错误，由于考卷文件损坏了，需要重新下载考卷。

4．卷面信息说明

进入考试状态后的卷面如图 10-4 所示。

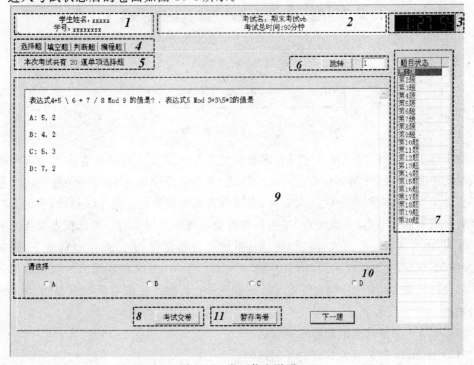

图 10-4　卷面信息说明

（1）标示 1 的区域为学生信息区,明确给出学生姓名和学号,如果姓名和学号有不对应的情况,应联系监考老师。

（2）标示 2 的区域为考试信息区,包括考试名和考试的时间分布。

（3）标示 3 的区域为考试计时区,给出考试时间的提示信息,考试剩余时间以倒计时方式显示;但在练习模式下没有计时,因此也不显示该时钟。

（4）标示 4 的区域为试题切换区,单击对应的按钮可随意选择所要做的题目类型。

（5）标示 5 的区域为所选择的题型的试题总数区。

（6）标示 6 的区域为题目跳转区,页面上显示的序号是当前正在答题的序号。输入一个新的序号后,单击"跳转"按钮即切换到指定的题目;但如果输入的序号是一个无效的数值,则不进行跳转操作。

（7）标示 7 的区域为题目状态区,除编程题外,题目有"已完成"、"未完成"及"正在答题"三种状态。"已完成"用绿色文字显示;"未完成"用红色文字显示;"正在答题"用蓝色背景显示。单击题号可以切换到指定题目。

（8）标示 8 的区域为"考试交卷"按钮。因为考试的计时不同,交卷方式可能产生差异:一种是客观题和编程题两部分的时间单独计时,即客观题部分剩余的时间并不带入编程考核部分,因此考试过程中提交试卷也分两个阶段;另一种是整体计时,即客观题部分和操作部分不单独计时。单击"考试交卷"按钮后弹出"结束考试"对话框如图 10-5 所示。单击"我要交卷"按钮将无法继续答题;但如果时间未完,可以单击"继续答题"按钮返回考试系统。

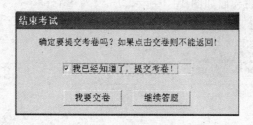

图 10-5　考试交卷界面

除了自主交卷外,考试系统还设有客观题交卷与考试交卷两种交卷方式。客观题交卷只使用于客观与操作两部分单独计时的情况,客观部分交卷有自动交卷与手动交卷方式。自动交卷指客观题部分时间用完后,系统会自动切换到编程题考核部分;手动交卷指在客观页面下如果单击"客观交卷"按钮后将提交客观部分的试卷。考试交卷是指所有的考试结束,也有两种交卷方式:考试时间到,系统将自动交卷;单击操作题页面下"提交试卷"按钮,出现如图 10-5 所示的"结束考试"对话框。另外,系统在客观部分和操作部分考试时都会进行交卷提醒,分别为 5 min 提醒和 1 min 提醒。提醒对话框在显示 30 s 后会自动关闭。

（9）标示 9 的区域为试题显示区域。

（10）标示 10 的区域为试题的答题区域。

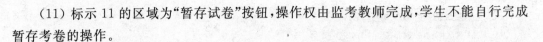

(11) 标示 11 的区域为"暂存试卷"按钮,操作权由监考教师完成,学生不能自行完成暂存考卷的操作。

5. 试卷使用的相关说明

考试学生端从本次考试的考试服务器获取了试卷后,自动进入考试操作界面,考试界面由客观题部分和编程题部分两个部分组成。

1) 客观题部分

(1) 图 10-4 显示的是选择题中单选题的答题页面,可在对应 A,B,C,D 这 4 个答案的单选按钮中选择一个正确的答案,被选定的答案将用一个圆点显示;多选题的答题界面是将对应 A,B,C,D 这 4 个答案的单选按钮换成复选框,如图 10-6 所示,选择了某个答案后将在空白方框中加上"√",标示该选项已被选定。

图 10-6 多项选择题答题

(2) 填空题的答题界面如图 10-7 所示。答题时,首选在标示 1 的区域中下拉框列表里选择所需要填的空的序号,然后在标示 2 的区域写上答案。根据题目的空的数量不同,标示 1 的区域的下拉框列表可能出现 1~6 个选项,标示为 2 的区域将对应出现 1~6 个输入框。答题时应注意答题框和题目中的空的设定的对应关系,不要答错位置。

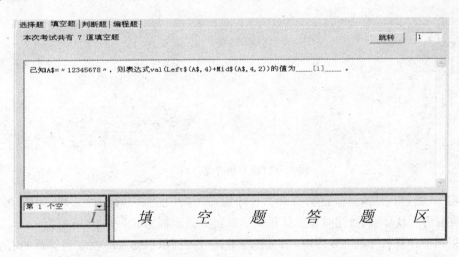

图 10-7 填空题答题界面

(3) 判断题的答题界面如图 10-8 所示。根据题意,在答题区选择对应的答案即可。

2) 编程题

编程题答题的界面如图 10-9 所示。

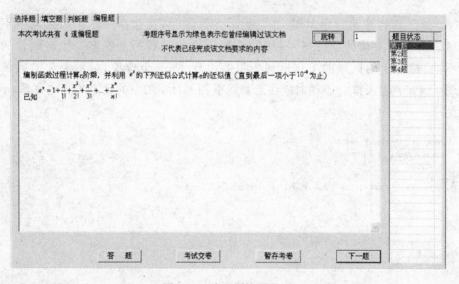

图 10-8 判断题答题界面

图 10-9 编程题答题界面

单击"答题"按钮后,系统自动打开 VB 环境,并打开该考题的工程文件,如图 10-10 所示。在打开 VB 环境后,同时显示编程题考试监控提示框,如图 10-11 所示。

如果当前存在打开的 VB 环境,则编程题考试监控提示框会自动收缩到屏幕的右侧。如果将鼠标移动到显示器右侧边缘,则该答题状态监控提示框会自动展开。

在打开 VB 环境的同时,考试主页面会自动缩小到任务栏上。只要当前编程题考试监控提示框是打开的,如果将考试主界面恢复到全屏显示,则主界面将自动缩小显示。关闭编程题考试监控提示后,考试主界面将自动恢复为全屏显示。

注意:

(1) 在考试界面上单击"答题"按钮将进入编程题的答题环境。

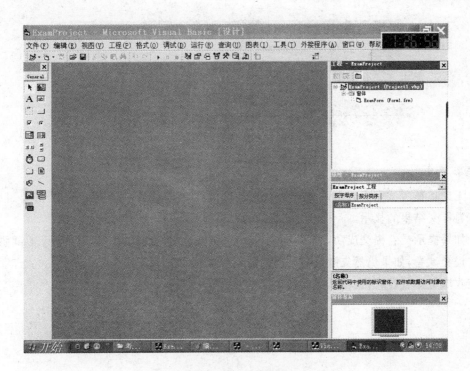

图 10-11 VB 环境

图 10-11 编程题考试监控提示框

（2）如果没有正常打开答题环境，请按照答题状态监控对话框中给出的源程序文件名，在 VB 环境里打开工程即可。

（3）答题过程中请随时选择"保存"项保存正在进行的工程，以防止意外发生。

（4）如果没有关闭集成编译环境，单击图 10-11 中的"返回考试系统"按钮后系统给出"操作提示"对话框提示考生是否需要保存编辑的结果，如图 10-12 所示，考生可以自行选择。

如果单击"是"按钮，"操作提示"对话框会关闭 VB 环境并返回考试界面，考试系统不会代考生完成文件保存功能。

图 10-12 "操作提示"对话框

6. 考试结束

无论是在考试完成后由系统自动收取试卷,还是考生选择手动提交试卷,都要耐心等待试卷提交结果的显示。

如果提示试卷提交成功,应尽快离开考场;如果显示提交失败,就重新登录考试系统,再次提交试卷,如果仍然失败,应通知监考教师;如果教师设置了"考试结束关机"选项,则系统收取考生试卷后,会自动关闭考生正在使用的计算机。

实验十一　用户界面设计

一、实验目的

（1）掌握常用控件、控件数组的使用方法。

（2）掌握对话框、菜单的使用方法。

（3）掌握多重窗体的使用方法。

（4）了解鼠标、键盘事件的使用方法。

二、实验环境

Visual Basic 6.0。

三、相关内容

1. 滚动条

滚动条在工具箱中提供了水平滚动条（HScrollBar）和垂直滚动条（VScrollBar）两种，滚动条主要有以下属性。

（1）Max 属性和 Min 属性。

（2）Value 属性，是滑块当前所处位置代表的数值，默认为 0。

（3）SmallChange 属性和 LargeChange 属性。

滚动条的主要事件有 Scroll 事件和 Change 事件。

2. ProgressBar 控件

进度条有水平和垂直两种形式，由属性 Orientation 决定。

0——ccOrientationHorizontal：（默认）水平方向。

1——ccOrientationVertical：垂直方向。

ProgressBar 控件有以下主要属性。

（1）Max 属性值，是指设置进度条界限的最大值。

（2）Min 属性值，是指设置进度条界限的最小值。

（3）Value 属性值，是决定控件填充数值（设计状态不可改变）。

3. 控件数组

将这些类型相同的控件定义成一个控件数组，控件数组中的每一个控件都是该数组中的一个元素，它们具有相同的 Name（名称）属性，利用索引值区分。表示方法为

对象名(索引值)

4. 通用对话框

对话框是用户使用 Windows 时最常见的一种人机交互工具,例如 Office 软件中的"打开"对话框、"另存为"对话框、"字体"对话框、"打印机"对话框等。基本属性有以下三种。

(1) Action 属性和 Show 方法。

(2) DialogTitle 属性。

(3) CancelError 属性。

5. 菜单设计

一般的应用程序在设计菜单时常常使用了下拉式菜单和弹出式菜单两种类型的菜单形式。

无论是哪种菜单,菜单中出现的菜单项在本质上来说是和命令按钮控件类似的控件,有着自己的属性、事件和方法,而且都可以响应用户的 Click 事件,所以为菜单项编写程序就是编写其 Click 事件过程。

四、实验内容

练习 11-1 编写滚动条范围设置程序,用户在文本框内输入数据设置滚动条范围。

第一步:设计界面。

(1) 新建一个工程,在工程的默认窗体 Form1 中添加控件:两个标签 Label1 和 Label2,一个文本框 Text1,两个命令按钮 Command1 和 Command2。新添加一个窗体 Form2,添加控件:三个命令按钮 Command1～Command3,两个文本框 Text1 和 Text2,两个标签 Label1 和 Label2。

(2) 设置 Form1 及 Form2 的对象属性,见表 11-1 和表 11-2。程序运行界面,如图 11-1 所示。

 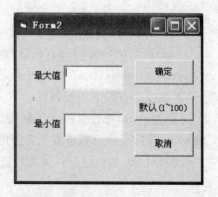

图 11-1 练习 11-1 的参考运行界面

表 11-1 练习 11-1 中 Form1 的对象属性

对象	属性	属性值
Text1	Text	空
Label1	Caption	空
Label2	Caption	空
VScroll1	Max	100
	Min	1
	Value	50
Command1	Caption	设置范围
Command2	Caption	退出

表 11-2 练习 11-1 中 Form2 的对象属性

对象	属性	属性值
Text1	Text	空
Text2	Text	空
Command1	Caption	确定
Command2	Caption	默认(1～100)
Command3	Caption	取消
Label1	Caption	最大值
Label2	Caption	最小值

第二步：编写代码并调试运行程序。

将代码补充完整并填写在代码框中。

Form1 的事件过程代码：

```
Private Sub Command1_Click()
    Form1.Hide:Form2.Show
End Sub

Private Sub Form_Activate()
    Label1.Caption=_____
    Label2.Caption=_____
    Text1.Text=VScroll1.Value
End Sub

Private Sub VScroll1_Change()
    Text1.Text=_____
End Sub
```

Form2 的事件过程代码：

```
Private Sub Command1_Click()
    If Val(Text1.Text)<Val(Text2.Text) Then
        MsgBox _____
    Else
        Form1.VScroll1.Max=_____
        Form1.VScroll1.Min=_____
        Form1.VScroll1.Value=
        (Form1.VScroll1.Max-Form1.VScroll1.Min)\2
        Form2.Hide
        Form1.Show
    End If
End Sub

Private Sub Command2_Click()
    Form2.Hide
    Form1.Show
End Sub

Private Sub Command3_Click()
    Form1.VScroll1.Max=_____
    Form1.VScroll1.Min=_____
    Form1.VScroll1.Value=50
    _____
    _____
End Sub
```

思 考 题

如果在 Form1 中利用计时器控件控制滚动条滚动，如何实现？

练习 11-2　编写菜单应用程序，用户通过菜单修改文本框中文本的字体和颜色。

第一步：设计界面。

（1）新建一个工程，在工程的默认窗体 Form1 中添加控件，即一个文本框 Text1。

（2）设置 Form1 的对象属性，见表 11-3。菜单设计见表 11-4。设计程序运行界面，如图 11-2 所示。

表 11-3　练习 11-2 中 Form1 的对象属性

对象	属性	属性值
Text1	Text	白日依山尽，黄河入海流！

表 11-4 菜单设计

标 题	名 称	标 题	名 称
字体	Font	颜色	Color
…宋体	Songti	…红色	Red
…隶书	Lishu	…绿色	Green
…黑体	Heiti	…蓝色	Blue
…幼圆	Youyuan	格式	Format
清除	Clear	结束	Exit

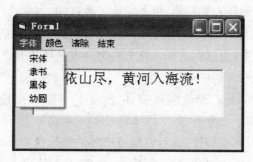

图 11-2 练习 11-2 的参考运行界面

第二步：编写代码并调试运行程序。

将代码补充完整并填写在代码框中。

```
    Private Sub Heiti_Click()
    _____

    End Sub
    Private Sub Lishu_Click()
    _____

    End Sub
    Private Sub Songti_Click()
    _____

    End Sub
    Private Sub Youyuan_Click()
    _____

    End Sub
    Private Sub Red_Click()
    _____

    End Sub
    Private Sub Blue_Click()
    _____

    End Sub
```

```
Private Sub Green_Click()

End Sub

Private Sub Clear_Click()

End Sub
```

思 考 题

如果在文本框中添加弹出式菜单,弹出字体菜单,该如何实现?

练习 11-3　编写通用对话框应用程序,用户通过通用对话框打开文件,然后将文件名和路径显示在文本框中,通过对话框设置文本框设置字体和背景颜色。

第一步:设计界面。

(1) 新建一个工程,在工程的默认窗体 Form1 中添加控件:三个命令按钮控件 Command1~Command3,一个标签控件 Label1,一个文本框 Text1。添加 Microsoft Common Dialog Control 6.0 部件,然后创建通用对话框控件 CommonDialog1。

(2) 分别设置 Command1,Command2,Command3,Label1,Text1 及 CommonDialog1 的属性,见表 11-5。设计程序运行界面,如图 11-3 所示。

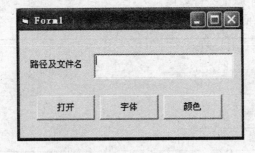

图 11-3　练习 11-3 的参考运行界面

表 11-5　练习 11-3 的属性值

对象	属性	属性值
Command1	Caption	打开
Command2	Caption	字体
Command3	Caption	颜色
Label1	Caption	路径及文件名
Text1	Text	空
CommonDialog1	Flags	259

第二步:编写代码调试并运行程序。

```
Private Sub Command1_Click()
    CommonDialog1.ShowOpen
    Text1.Text= CommonDialog1.FileName
End Sub
```

```
Private Sub Command2_Click()
    CommonDialog1.ShowFont
    Text1.FontName=CommonDialog1.FontName
    Text1.FontBold=CommonDialog1.FontBold
    Text1.FontItalic=CommonDialog1.FontItalic
    Text1.FontStrikethru=CommonDialog1.FontStrikethru
    Text1.FontUnderline=CommonDialog1.FontUnderline
    Text1.FontBold=CommonDialog1.FontBold
    Text1.FontSize=CommonDialog1.FontSize
    Text1.ForeColor=CommonDialog1.Color
End Sub
```

思 考 题

如果将文件路径显示在标签中,将文件内容显示在文本框中,该如何实现?

实验十二　数据文件与图形操作

一、实验目的

(1) 掌握数据文件三种访问模式下的读/写操作。

(2) 掌握 Pset,Line,Circle 和 Point 常用图形绘制方法。

(3) 掌握图形绘制常用属性、事件和方法。

(4) 了解文件系统控件的使用。

二、实验环境

Visual Basic 6.0。

三、相关知识

1. 文件操作

掌握顺序文件、随机文件和二进制文件的打开、读/写、关闭操作。

2. 绘制图形

1) 建立坐标系

VB 提供了一种很方便的 Scale 方法,由用户重新定义坐标系,其语法格式为

    [对象.]Scale[(xLeft,yTop)-(xRight,yButton)]

2) 指定画笔的起始点位置

当坐标系确定之后,坐标值(x,y)表示对象上的绝对坐标位置。如果在坐标值前加上关键字 Step,则坐标值(x,y)表示对象上的相对坐标位置,即其绝对坐标为(CurrentX+x)、(CurrentY+y)。当使用 Cls 方法之后,CurrentX、CurrentY 属性值为 0。

3) 属性设置

进行线宽、线型、色彩等属性的设置。

4) 调用绘图方法绘图

(1) Line 方法。此方法用于画直线或矩形,语句格式为

    [对象.]Line[[Step](x1,y1)]-[Step](x2,y2)[,颜色][,B[F]]

(2) Circle 方法。此方法用于绘制圆圈、椭圆、圆弧和扇形,语句格式为

    [对象.]Circle [Step] (x,y),半径[,[颜色][,[起始角][,[终止角][,[长短轴比率]]]]]

(3) Pset 方法。此方法用于在窗体、图形框或者打印机上画点,语句格式为

```
[对象.] Pset[Step] (x,y) [,颜色]
```

（4）Point 方法。此方法用于返回窗体、图形框上指定点的 RGB 颜色,其语句格式为

```
[对象.]Point(x,y)
```

四、实验内容

练习 12-1　编写文件保存程序,将文本框内输入的英文单词保存入文件中。

第一步:设计界面。

（1）新建一个工程,在工程的默认窗体 Form1 中添加控件:一个标签 Label1,一个文本框 Text1。

（2）设计程序运行界面,如图 12-1 所示。分别设置 Label1 和 Text1 的属性,见表 12-1。

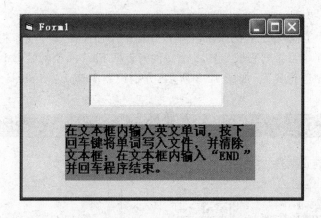

图 12-1　练习 12-1 的参考运行界面

表 12-1　练习 12-1 的属性值

对象	属性	属性值
Text1	Text	空
Label1	Caption	在文本框……程序结束

第二步:编写代码并调试,运行程序。

将代码补充完整并填写在代码框中。

```
Private Sub Form_Load()
    Open "C:\data.txt" For Append As #1
    Text1.Text=""
End Sub
```

```
Private Sub Text1_KeyPress(KeyAscii As Integer)
    If KeyAscii=13 Then
        If _____ Then
            _____
            End
        Else
            _____
        End If
    End If
End If
```

思 考 题

如果文件名利用"另存为"对话框指明,该如何实现?

练习 12-2 编写文件读取程序。在文件系统控件的文件列表框中双击文本文件,文件内容出现在文本框中。

第一步:设计界面。

(1)新建一个工程,在工程的默认窗体 Form1 中添加控件:1 个文本框 Text1,1 个驱动器列表框 Drive1,1 个目录列表框 Dir1,1 个文件列表框 File1,4 个标签 Label1~Label4。

(2)设计程序运行界面,如图 12-2 所示;分别设置 Label1~Label4 和 Text 的属性,见表 12-2。

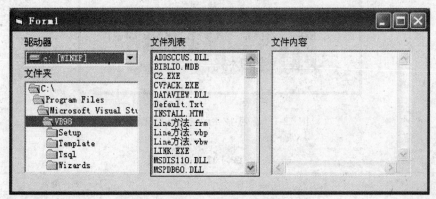

图 12-2　练习 12-2 的参考运行界面

表 12-2　练习 12-2 的属性值

对象	属性	属性值
Label1	Caption	驱动器
Label2	Caption	文件夹
Label3	Caption	文件列表
Label4	Caption	文件内容
Text1	Text	空
	Multiline	True
	ScrollBars	3

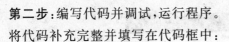

第二步：编写代码并调试，运行程序。

将代码补充完整并填写在代码框中：

```
Private Sub File1_DblClick()
    Text1.Text=""
    Dim Str1 As String
    Open Dir1.Path+ "\"+File1.FileName For Input As #1
    Do While Not EOF(1)

        _____

        _____

    Loop
    Close #1
End Sub
Private Sub Form_Load()
    Drive1.Drive="C:\"
    File1.Pattern="_____"
End Sub
Private Sub Drive1_Change()
    _____
End Sub
Private Sub Dir1_Change()
    _____
End Sub
```

思 考 题

在界面上添加一个"修改"按钮，用户可以在文本框中编辑文本，单击"保存"按钮后，实现对修改后文件的保存操作。

练习 12-3　编写图形绘制程序。在窗体上绘制[0°, 360°]的正弦曲线和余弦曲线。

第一步：设计界面。

（1）新建一个工程，在工程的默认窗体 Form1 中添加控件：两个命令按钮控件 Command1 和 Command2。

（2）设计程序运行界面，如图 12-3 所示；分别设置 Command1 和 Command2 属性，见表 12-3。

表 12-3　练习 12-3 的属性值

对象	属性	属性值
Command1	Caption	确定
Command2	Caption	取消

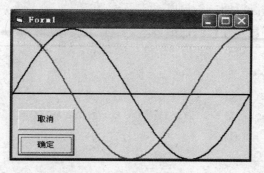

图 12-3　练习 12-3 的参考运行界面

第二步：编写代码并调试，运行程序。

将代码补充完整并填写在代码框中。

```
Private Sub Command1_Click()
    Dim x As Integer
    Scale (0,1)-(360,-1)
    DrawWidth=2
    Line (0,0)-(360,0),vbBlack
    DrawWidth=2
    For x=0 To 360

    _____

    _____

    _____

    Next x
End Sub
Private Sub Command2_Click()
    End
End Sub
```

思 考 题

如果要在窗体上绘制一个菱形，该如何实现。

练习 12-4　编写图形编辑程序，用户通过菜单选择绘制图形的形状和填充颜色。

第一步：设计界面。

（1）新建一个工程，在工程的默认窗体 Form1 中添加菜单："图形"菜单、"颜色"菜单、"结束"菜单。

（2）设计程序运行界面，如图 12-4 所示；菜单结构见表 12-4。

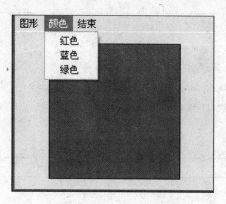

图 12-4 练习 12-4 的参考界面

表 12-4 练习 12-4 的菜单项结构表

标题	名称	快捷键
图形	PaintShape	
……圆形	PaintCircle	Ctrl＋Y
……矩形	PaintRectangle	Ctrl＋J
颜色	PaintColor	
……红色	PaintRed	Ctrl＋H
……蓝色	PaintBlue	Crtl＋L
……绿色	PaintGreen	Ctrl＋G
结束	PaintEnd	

第二步：编写代码并调试，运行程序。

```
Dim x1 As Integer,x2 As Integer
Private Sub Command1_Click()
    Dim x As Integer,y As Integer
    x=ScaleWidth/2
    y=ScaleHeight/2
    If x2=1 Then
        FillStyle=0
        FillColor=vbRed
        ElseIf x2=2 Then
        FillStyle=0
        FillColor=vbBlue
            ElseIf x2=3 Then
            FillStyle=0
            FillColor=vbGreen
    End If
```

```
        If x 1=1 Then
            Circle (x,y),ScaleHeight*3/7
            ElseIf x1=2 Then
                Line (x-ScaleHeight*3/7,y-ScaleHeight*3/7)
                -(x+ScaleHeight*3/7,y+ScaleHeight*3/7),,B
        End If
    End Sub
```

```
    Private Sub PaintCircle_Click()
        x1=1
        Refresh
    End Sub
```

```
    Private Sub PaintBlue_Click()
        x2=2
        Refresh
    End Sub
```

```
    Private Sub PaintRed_Click()
        x2=1
        Refresh
    End SubEnd Sub
```

```
    Private Sub PaintGreen_Click()
        x2=3
        Refresh
    End Sub
```

```
    Private Sub PaintRectangle_Click()
        x1=2
        Refresh
    End Sub
```

```
    Private Sub PaintTransparent_Click()
        x2=4
        Refresh
    End Sub
```

```
    Private Sub PaintEnd_Click(Index As Integer)
        End
    End Sub
```

思 考 题

（1）如果想要利用滚动条改变图形大小，该如何实现？

（2）编写一个绘制"今夜星光灿烂"动画的程序。夜空背景为黑色，月亮从窗体左侧到右侧循环移动，夜空中的星星每隔半秒闪烁一次，界面如图 12-5 所示。

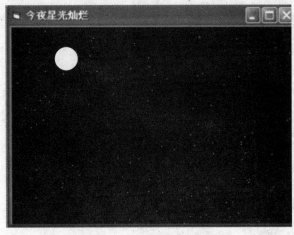

图 12-5 "今夜星光灿烂"界面

实验十三　数据库应用基础

一、实验目的

（1）掌握数据库的基本概念。

（2）掌握可视化数据管理器的使用方法。

（3）掌握使用 ADO 数据控件访问数据库。

二、实验环境

Visual Basic 6.0。

三、相关知识

1. 数据库

数据库（DataBase，DB）是以一定方式组织并存储在一起的相互有关的数据的集合。

数据库管理系统（DBMS）是用户与数据库之间的接口，可以实现对数据的组织和管理。

数据的组织，按组织方式的不同，分为相应的有关系数据库、层次数据库和网状数据库三种模型。关系数据库是目前使用最多的数据库。

数据的管理提供对数据库使用和加工的操作，如对数据库的建立、修改、检索、计算、统计、删除等。

2. 关系数据库

将相关的数据按行和列的形式组织成二维表格即为表，表通常用于描述某一个实体。

数据访问对象模型有 DAO（Data Access Object，数据访问对象）、RDO（Remote Data Object，远程数据对象）、ADO（ActiveX Data Object，ActiveX 数据对象）。

结构化查询语言（SQL）：

3. 可视化数据管理器

（1）打开方法。利用"外接程序"→"可视化数据管理器"命令可打开可视化数据管理器，如图 13-1 所示。

（2）新建数据库。利用"文件"→"新建"→"Microsoft Access"→"Verson 7.0 MDB"命令可新建数据库，如图 13-2 所示。

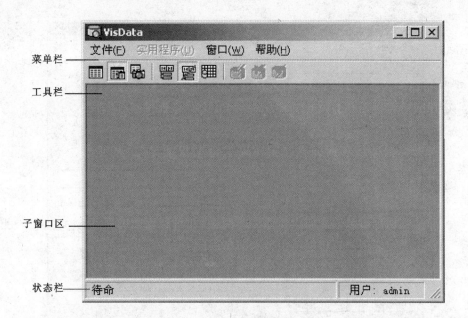

图 13-1　可视化数据管理器

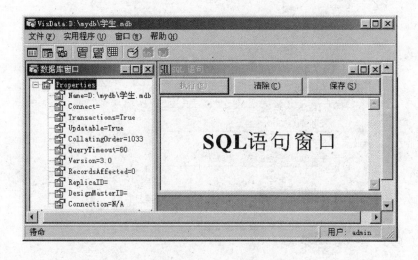

图 13-2　新建数据库

（3）添加表和修改表。首先，在数据库窗口快捷菜单中选择"新建表"项。其次，在打开的"表结构"对话框添加字段和索引，如图 13-3 所示。

4．ADO 数据控件

利用"工程"→"部件"→"控件"命令在选项卡上选择"Microsoft ADO Data Control 6.0(OLEDB)"选项，将 ADO 数据控件添加到工具箱中。设置 ADO 控件的属性可以快速地建立和数据库的连接。连接字符串是指包含了用于与数据库连接的相关信息，对应于 ConnectionString 属性，如图 13-4 所示。

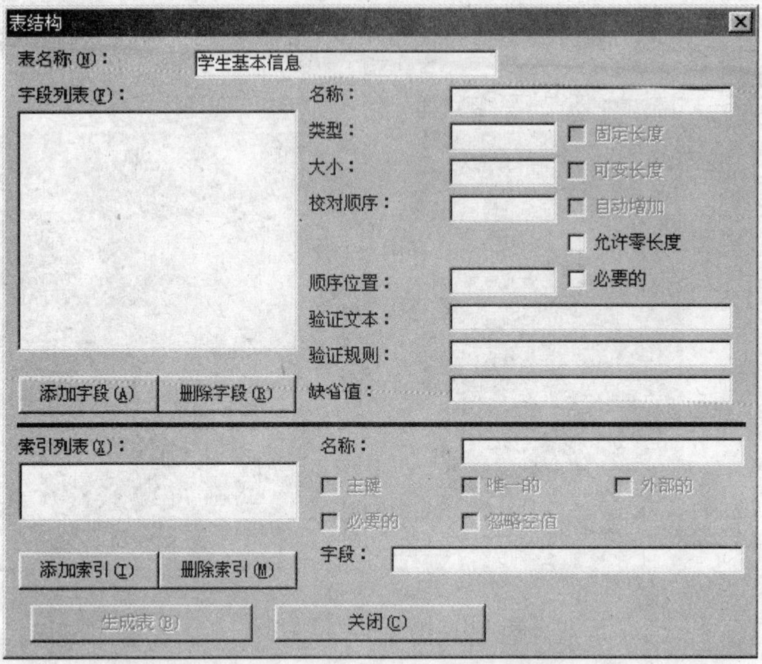

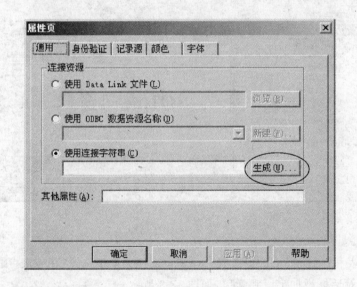

图 13-3　添加表和修改表

图 13-4　"属性页"中设置连接字符串

设置"数据库连接属性"对话框——选择提供程序,如图 13-5 所示。

设置"数据库连接属性"对话框——设置连接信息,如图 13-6 所示。

生成的连接字符串:

```
"Provider=Microsoft.Jet.OLEDB.4.0;
```

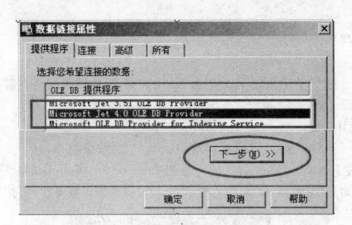

图 13-5　"数据库连接属性"对话框

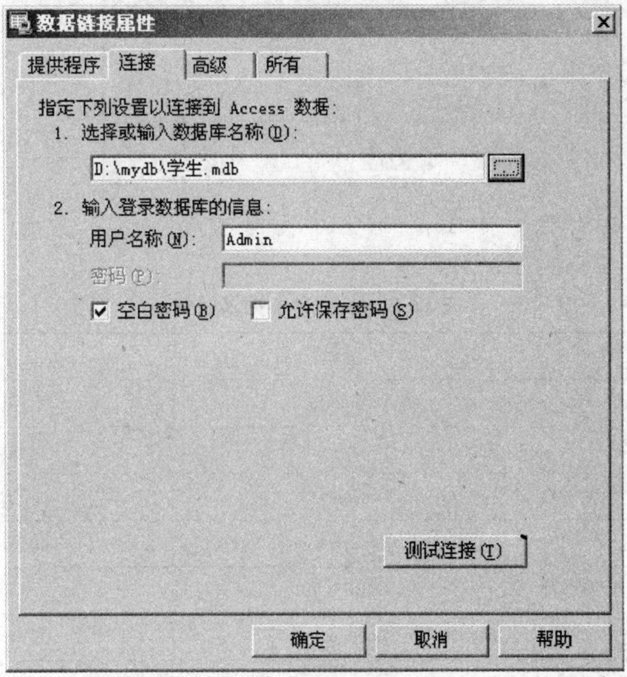

图 13-6　设置连接信息

Persist Security Info=False;

Data Source=D:\mydb\学生.mdb"

在属性窗口设置连接字符串，例如：

Adodc1.ConnectionString=

"Provider=Microsoft.Jet.OLEDB.4.0;

Persist Security Info=False;

Data Source=D:\mydb\学生.mdb"

四、实验内容

练习 13-1 利用"学生"数据库中的数据,用文本框显示"学生基本信息"表的班级、学号、姓名、性别。使用命令按钮实现记录的向前、向后移动。

第一步:设计界面。

(1) 新建一个工程,在工程的默认窗口 Form1 中添加控件:4 个文本框 Text1～Text4,4 个标签 Label1～Label4,3 个命令按钮 Command1～Command3。

(2) 设计程序运行界面,如图 13-7 所示;分别设置界面对象属性,见表 13-1。

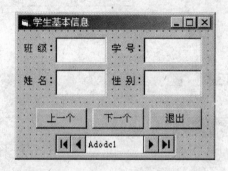

图 13-7 练习 13-1 参考运行界面

表 13-1 练习 13-1 的属性值

控件名	属性名	属性值
Text1	Datasource	Adodc1
	DataField	班级
	Locked	True
Text2	Datasource	Adodc1
	DataField	学号
	Locked	True
Text3	Datasource	Adodc1
	DataField	姓名
	Locked	True
Text4	Datasource	Adodc1
	DataField	性别
	Locked	True

第二步:编写代码并调试,运行程序。

将代码补充完整并填写在代码框中。

```
Private Sub Command1_Click()                ' "上一个"按钮
    Command2.Enabled=True
    If Adodc1.Recordset.BOF Then
        Command1.Enabled=False
        Command2.SetFocus
    Else
        _____
    End If
End Sub
```

```
Private Sub Command2_Click()                ' "下一个"按钮
    Command1.Enabled=True
    If Adodc1.Recordset.EOF Then
        Command2.Enabled=False
        Command1.SetFocus Else
        _____
    End If
End Sub
```

```
Private Sub Command3_Click()                ' "退出"按钮
    End
End Sub
```

练习 13-2 使用数据列表框或数据组合框提供专业名称,实现查询。

第一步:设计界面。

(1) 新建一个工程,在工程的默认窗体 Form1 中添加控件:一个文本框 Text1,一个标签 Label1,一个命令按钮 Command1,数据网格 DataGrid,ADO 数据控件。

(2) 设计程序运行界面,如图 13-7 所示。

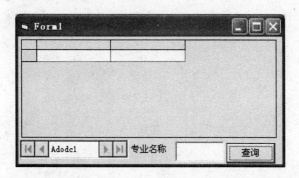

图 13-7　练习 13-2 的参考运行界面

第二步:编写代码并调试,运行程序。

将代码补充完整并填写在代码框中。

```
Private Sub Command1_Click()
    If Text1>" " Then              '设置数据源

    _____

    Else
    Adodc1.RecordSource="select * from 基本情况"
    End If
    Adodc1.Refresh                 '必须用 Refresh 方法激活
End Sub
```

```
Private Sub Form_Load()
    Dim mpath$,mlink$
    mpath=App.Path     '获取程序所在的路径
    If Right(mpath, 1)<>"\" Then mpath=mpath+"\"
    '判断是否为子目录
    '以下两行代码可合成一句,mlink 存放 ConnectionString 属性的设置值
    mlink="_____"
    '指定提供者
    mlink=mlink+"Data Source="+mpath+"Student.mdb"
    '在数据库文件名前插入路径

    _____

    '设置连接属性
    Adodc1.CommandType=adCmdUnknown
    '指定记录集命令类型(可在设计时指定)
End Sub
```

思 考 题

(1) 如果要实现对多个关键字的查询,该如何实现?

(2) 设计一个飞行航班信息查询系统,要求具有记录的增加、编辑、删除、查询等功能。

第二部分 习题解答

习 题 一

一、单选题

1. C   2. C   3. B   4. B   5. A

6. C   7. C   8. A   9. A   10. D

11. B

二、填空题

1. .vbp   .bas

2. 设计   运行   中断

3. Shift   Ctrl

4. 窗体或所有控件   Font

5. AutoSize   True

6. MultiLine

7. Style

8. 确定(&O)

9. MousePointer

10. LostFocus   KeyPress

11. F1

三、判断下列各题的对错,若有错误请改正。

1. 对

2. 对

3. 错,将 Name 改为 Caption

4. 错,标签控件只能用来输出文本,不能输入信息。

5. 错,文本框的 SelLength 属性不可以在属性窗口中设定,只能在程序运行时获得。

6. 错,运行时,控件的位置不可以直接用鼠标拖动控件来定位。

7. 对

8. 对

9. 错,事件是 VB 对象可以响应的用户操作,方法是对象的行为和动作。

10. 对

11. 错,将"文件"改为"工程"

12. 错,此时仅将此窗体从工程里删除,窗体文件仍存在于硬盘上,若需要将当前窗体从硬盘中删除,则需在硬盘上进行删除操作。

四、简答题

1. 系统默认的目录是\Program Files\Microsoft Visual Studio\VB98\

2. VB6.0 提供的大量图形文件存放在 \Program Files\Microsoft Visual Studio\Common\GRAPHICS\

3. 让文本框获得焦点的方法是 SetFocus。使用格式是：

[对象.] SetFocus

习 题 二

一、判断下列哪些是合法常量,若合法指出其数据类型,若不合法指出原因。

1.	0100	合法,整形
2.	100.0	合法,单精度浮点型
3.	%100	不合法,%不可在前
4.	100#	合法,双精度浮点型
5.	&O100	合法,整形,八进制表示
6.	&O78	不合法,八进制不能出现"8"
7.	&H123&	合法,长整形,十六进制表示
8.	&H12ag	不合法,"g"不是十六进制数的组成部分
9.	—123!	合法,单精度浮点型
10.	1E2	合法,单精度浮点型
11.	123D3	合法,双精度浮点型
12.	123,456	不合法,不能出现","
13.	"ABCD"	合法,字符型
14.	ABCD$	不合法,没有加双引号""
15.	"1234"	不合法,用了中文的引号
16.	#2009/2/9#	合法,日期型
17.	π	不合法,π 只是一个特殊符号,不是 VB 常量
18.	True	合法,逻辑型
19.	T	不合法,T 是一个字母,需用 const 进行符号常量说明才可做为常量使用

二、判断下列哪些是合法变量,对于不合法变量请指出原因。

合法的变量名是:
1. a123
2. a_123
5. XYZ
7. s_in
12. 变量名
不合法的变量是:
3. 123_a   变量名应该以字母打头不应该是数字打头

4. a 123   变量名中不应该包含空格

6. X－Y   变量名中不允许出现算术运算符

8. f(x)   括号"（ ）"不是变量名的组成部分

9. Integer   保留关键字不能为变量名

10. False   保留关键字不能为变量名

11. π   特殊符号,不能作为变量名

三、单选题

1. A	2. A	3. D	4. B	5. A
6. B	7. A	8. B	9. C	10. A
11. B	12. C	13. C	14. C	15. A
16. D	17. D	18. B	19. C	20. B
21. C	22. C	23. C	24. B	

四、判断下列各题的对错,若有错误请改正。

1. 错,255 改为 32767

2. 对

3. 错,i 是变体型变量,j 是整型变量

4. 对

5. 对

6. 错,Time 改为 Now

7. 错,"＋"两旁一个为非数字字符,另一个为数值型,出错。

8. 对

9. 错,VB 程序一行写不下,可在行尾用空格加一下划线"_"实现换行连接。

10. 错,用单竖撇号"'"引导注释内容。

五、把下列算式写成 VB 表达式。

1. 3<=x and x<10

2. sin(15*3.14/180)+sqr(x+exp(3))/abs(x-y)-log(3*x)

3. (a+b)/(1/(c+5)-c*d/2)

4. (cos(a+b))^2/(3+x)+5

六、根据给定的条件写出相应的 VB 表达式。

1. x>0 and Y>0 or x<0 and y<0

2. x mod 5=0 or x mod 9=0

3. Round(x*100)/100

4. Int(Rnd*100+1)

5. (x mod 10)*10+x\10

6. Datediff("d",#1/1/2000#,now)+1

7. 假定毕业日期为 2012 年 7 月 3 日,则 VB 表达式为:

DateDiff("ww",now,#7/3/2012#)

8. Ucase(s)>="A" and Ucase(s)<="Z"

七、计算下列表达式的值。

1. 4
2. 198.56
3. 123445
4. 2000-2-29
5. 14
6. 10
7. 157
8. False
9. CDEF
10. 2

习 题 三

一、选择题

1. C	2. A	3. B	4. A	5. C
6. B	7. B	8. C	9. C	10. C
11. A	12. C	13. D	14. B	15. A
16. B	17. D	18. D	19. C	20. A
21. A	22. D	23. A	24. B	25. C
26. A	27. A	28. C	29. A	30. A

二、判断题

1. ×	2. ✓	3. ✓	4. ×	5. ×
6. ×	7. ×	8. ×	9. ×	10. ✓
11. ×	12. ✓	13. ✓	14. ✓	15. ✓

三、填空题

1. (1) False|0|零|假|假值|零值
   (2) True|真值|真|－1
2. (1) True|真值|真|－1
   (2) True|真值|真|－1
3. 321456|"321456"|"321456"
4. 33
5. 123456|"123456"|"123456"
6. 字符型|STRING|字符串|字符串类型|字符|字符类型
7. YYY|"YYY"|"YYY"
8. 循环|循环结构
9. ("12 345"|12 345|),(String|字符型|字符串类型|字符串|字符串型|字符|字符类型)
10. InputBox|InputBox( ),字符串|字符串类型|字符型|string,Val|Val( )
11. label1.fontbold＝true|Label1.fontbold＝－1
12. label1.fontsize＝20
13. multiline
14. Text1.Text＝"Welcome"|Text1＝"Welcome"|Text1.Text＝"Welcome"|Text1＝"Welcome"

15. passwordchar
16. AABABC|"AABABC"|"AABABC"
17. 100
18. 15
19. －1|真值|真|True

四、编程题

1.

```
Private Sub Form_Click()
    FontSize=24
    Dim x As Integer
    x=Val(InputBox("请输入一个三位数据","数据输入框"))
    Print x & "百位上的数字是" & x\100
    Print x & "十位上的数字是" & (x Mod 100)\10
    Print x & "个位上的数字是" & x Mod 10
End Sub
```

2.

```
Private Sub Form_Click()
    Dim x As String
    x=InputBox("请输入一个字母字符","字符输入框")
    Print UCase(x)
End Sub
```

3. 设计步骤如下。

(1) 新建工程,在窗体上添加五个文本框、两个命令按钮和五个标签。文本框均采用默认名称,Text 属性均为空。

(2) 编写代码。双击"计算"按钮,打开代码窗口,输入以下代码:

```
Private Sub cmdCalcu_Click()
    Dim a As Single,b As Single,c As Single
    Dim D As Single
    Dim x1 As Single,x2 As Single
    a=Val(Text1.Text)
    b=Val(Text2.Text)
    c=Val(Text3.Text)
    D=b*b-4*a*c                    '二次方程求根的判别式
    x1=(- b+Sqr(D))/(2*a)          '用求根公式计算 x1 和 x2
    x2=(-b-Sqr(D))/(2*a)
    Text4.Text=Format(x1,"0.####")  '显示结果,最多保留 4 位小数
    Text5.Text=Format(x2,"0.####")
End Sub
```

习 题 四

一、选择题

1. B	2. D	3. B	4. D	5. C
6. B	7. C	8. A	9. D	10. D
11. B	12. A	13. D	14. C	15. C
16. C	17. D	18. B	19. B	20. C
21. B	22. A	23. C	24. B	

二、判断题

1. ✓	2. ✗	3. ✓	4. ✓	5. ✗
6. ✗	7. ✓	8. ✗		

三、填空题

1. cmd1. enabled＝false｜cmd1. enabled＝0
2. Enabled
3. command1_click()
4. 被选中｜选中｜已被选中｜被选取｜选取｜已被选取｜被选择｜选择｜已被选择｜被选｜已被选
5. －9
6. 2
7. 3
8. False｜0
9. 130
10. 1

四、编程题

1.
```
Private Sub Command1_Click()
Dim y As Integer
y=Val(Text1.Text)
```

```
        If (y Mod 4=0 And y Mod 100 <>0) Or(y Mod 400=0) Then
            Print y,"此年为闰年"
        Else
            Print y,"此年不是闰年"
        End If
    End Sub
```

2.

```
Private Sub Command1_Click()
Dim x As Single
Dim y As Integer
Dim z As Integer
Dim s As Single
Text3.Enabled=False
x=Val(Text2.Text)
y=Val(Text1.Text)
z=Month(Now)
Select Case z
    Case 7,8,9
        If x>=20 Then
            s=x*y*0.85
        Else
            s=x*y*0.95
        End If
    Case 1,2,3,4,5,10,11
        If x>=20 Then
            s=x*y*0.7
        Else
            s=x*y*0.8
        End If
    Case Else
        s=x*y*0.8
    End Select
    Text3.Text=s & "元"
End Sub
```

3. 程序提示：

```
Private Sub Form_Click()
c=InputBox("请输入字符串","输入")
If Mid(c,3,1)="c" Then
    a=MsgBox("yes",69,"结果")
Else
    a=MsgBox("No",53,"结果")
```

```
   End If
   End Sub
```

4. 程序提示：

```
Private Sub Form_Click()
x= InputBox("输入 x 的值","输入")
y= InputBox("输入 y 的值","输入")
z= InputBox("输入 z 的值","输入")
If x< y Then
   Max= y
Else
  If x< z Then
     Max= z
  Else
     Max= x
  End If
End If
Print Max
End Sub
```

5. 程序提示：

```
Private Sub Form_Click()
   Cls
n1= Int(Rnd* 51+ 50)
  Sum= Sum+ n1
  Max= n1
  Min= n1
  For i= 1 To 19
  n= Int(Rnd* 51+ 50)
  Sum= Sum+ n
  If n> Max Then
     Max= n
  ElseIf n< Min Then
     Min= n
  End If
Next
Print Max,Min,Sum/20
End Sub
```

习 题 五

一、选择题

1. D	2. C	3. A	4. C	5. D
6. A	7. B	8. C	9. B	10. C
11. D	12. A	13. C	14. B	15. C
16. B	17. D	18. A	19. A	20. A
21. D	22. C	23. B	24. D	25. D
26. B	27. D	28. B		

二、判断题

1. ×	2. √	3. √	4. ×	5. ×
6. √	7. √	8. √	9. √	10. √
11. √	12. ×	13. ×	14. ×	15. √
16. √				

三、填空题

1. 1|＋1

2. Wend|wend 语句|wend 语句

3. 15|15 次|15　次

4. 1 000|1 000 ms|1 000 毫秒

5. 毫秒|ms

6. 30 000

7. Interval

8. Timer

9. 11

10. Hello! |"Hello!"|"Hello!"

四、编程题

1. **编程分析**　这是用来求级数和的一类题目,这类题目一般要写成 s＝s＋t(t 为通项)

这种形式。本题中相加的各项正负交替,第 i+1 项是第 i 项乘以 $1/((2*i)*(2*i+1))$。

程序代码如下:

```
Private Sub Form_Click()
Dim i%,s!,t!
i=0                              '项数
s=0                              '存放累加和,初值为 0
t=1                              '通项,第一项为 1
Do While abs(t)>=0.000001
   s=s+t
   i=i+1
   t=-t/((2*i)*(2*i+1))
Loop
Form1.Print "计算了";i;"项,其结果是";s
End Sub
```

2. **编程分析**　打印图案一般可由双层循环实现,外循环用来控制打印的行数,内循环控制打印的个数。实现打印上金字塔图案的程序如下:

```
Private Sub Form_Click()
     Dim i%,j%
     For i=1 To 9                      '外循环控制打印行数
        Print Space(10-i);            '每行打印的空格数
        For j =1 To 2*i-1             '内循环控制打印个数
           Print Trim(Str(9-i+1));   '打印内容
        Next j
        Print
     Next i
End Sub
```

3. 设计一个界面如下图所示的程序,从键盘输入任意两个正整数 a 和 b,输出它们的最大公约数。

本程序运行时,通过单击"计算"按钮在"最大公约数"框中显示 a 与 b 的最大公约数,因此,求最大公约数的代码就编写在"计算"按钮的 Click 事件中。完成本程序界面需要设置的属性见下表。

表 1

缺省的对象名	设置的对象名	属　性	设置值
Form1	frmDivisor	Caption	最大公约数
Label1	lbla	Caption	输入 A
Label2	lblb	Caption	输入 B
Label3	lblDivisor	Caption	最大公约数
Text1	txta	Text	（空白）
Text2	txtb	Text	（空白）
Text3	txtDivisor	Text	（空白）
Command1	cmdCalcu	Caption	计算
Command2	cmdEnd	Caption	结束

求两个正整数 a、b(a＞b)的最大公约数的程序代码如下：

```
'求最大公约数
Private Sub cmdCalcu_Click()
    Dim a As Integer
    Dim b As Integer
    Dim r As Integer
    a=Val(txta.Text)
    b=Val(txtb.Text)
    r=a Mod b
    Do While r<>0
        a=b
        b=r
        r=a Mod b
    Loop
    txtDivisor.Text=Str(b)
End Sub
Private Sub cmdEnd_Click()
    End
End Sub
```

4. **思路**　设鸡翁 x 个，鸡母 y 个，鸡雏 z 个，所以百钱百鸡转化为 $15x+9y+z=300$（x,y,z 为自然数），代码设计如下：

```
Private Sub Command1_Click()
Dim x As Integer
Dim y As Integer
Dim z As Integer
    For x=0 To 20          '鸡翁个数
        For y=0 To 33      '鸡母个数
        If 3 00-15*x- 9*y>=0 Then
```

```
            Print "鸡翁:" & x,"鸡母:" & y,"鸡雏:" & (300-15*x-9*y)
        End If
      Next y
    Next x
  End Sub
```

5.

```
Private Sub Command1_Click()
Dim x As Integer
Dim y As String
x=Val(Text1.Text)
    Do While x<>0
      y= (x Mod 2) & y
      x=x\2
    Loop
Text2.Text=y
End Sub

Private Sub Command2_Click()
Text1.Text=""
Text2.Text=""
End Sub
```

习 题 六

一、填空题

1. Dim A(1To5,−2To6) As String
2. Additem,RemoveItem
3. arr1(1),Min＝arr1(i)
4. 定长
5. 0
6. Clear
7. 变体类型
8. 0,Option Base 1
9. 2　4　6　16
10. 20
11. 41
12. i Mod 5＝0
13. Index
14. Dim a(),str1,x＝"e" Or x＝"E"
15. Preserve

二、选择题

1. B	2. A	3. D	4. A	5. C
6. A	7. C	8. D	9. C	10. D
11. C	12. B	13. D	14. C	15. C
16. A	17. B	18. A	19. A	20. B

三、判断题

1. ×	2. √	3. ×	4. ×	5. ×
6. √	7. ×	8. √	9. √	10. ×

四、程序设计题

1.

```
产生的10个20-50之间的随机数为：
 40  30  48  47  41  22  39  27  28  36
最大值为：48
最小值为：22
平均值为：36
```

```
Option Base 1
Private Sub Form_Click()
Dim a(10) As Integer,i%,max%,min%,aver%
Print "产生的 10 个 20-50 之间的随机数为："
Randomize
For i=1 To 10
a(i)=Int(Rnd*31+20)
Print a(i);
Next i
Print
min=a(1):max=a(1)
For i=1 To 10
If a(i)>max Then max=a(i)
If a(i)<min Then min=a(i)
aver=aver+a(i)
Next i
aver=aver/10
Print "最大值为：" & max
Print "最小值为：" & min
Print "平均值为：" & aver
End Sub
```

2.

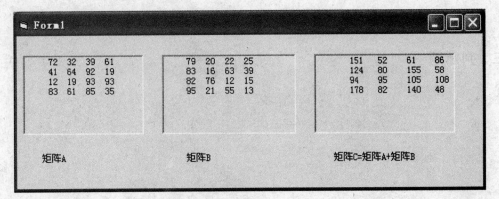

```
 72   32   39   61          79   20   22   25          151   52    61    86
 41   64   92   19          83   16   63   39          124   80   155    58
 12   19   93   93          82   76   12   15           94   95   105   108
 83   61   85   35          95   21   55   13          178   82   140    48
```

矩阵A   矩阵B   矩阵C=矩阵A+矩阵B

```
Option Base 1
Private Sub Form_Click()
Dim a(4,4) As Integer,b(4,4) As Integer,c(4,4) As Integer
Randomize
For i=1 To 4
For j=1 To 4
a(i,j)=Int(Rnd*90+10)
b(i,j)=Int(Rnd*90+10)
c(i,j)=a(i,j)+b(i,j)
Picture1.Print Tab(4*j+1);a(i,j);
Picture2.Print Tab(4*j+1);b(i,j);
Picture3.Print Tab(6*j+1);c(i,j);
Next j
Next i
End Sub
```

3.

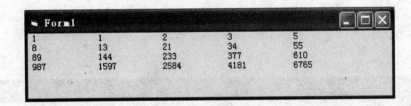

```
Option Base 1
Private Sub Form_Click()
Dim f(20) As Integer,i%
f(1)=1:f(2)=1
For i=3 To 20
f(i)=f(i-1)+f(i-2)
Next i

For i=1 To 20
Print f(i),
If i Mod 5=0 Then Print
Next i
End Sub
```

4.

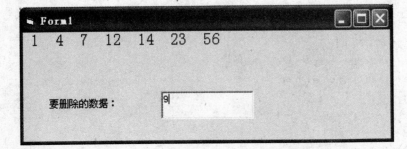

```
Private Sub Form_Click()
Dim a(),i%,k%,x%,n%
a=Array(1,4,7,9,12,14,23,56)
n=UBound(a)
x=Val(Text1)
For k=0 To n
If x=a(k) Then Exit For
Next k
If k>n Then MsgBox "找不到此数":Exit Sub
For i=k+1 To n
a(i-1)=a(i)
Next i
n=n-1
ReDim Preserve a(n)
For i=0 To n
Print a(i);
Next i
End Sub
```

5.

```
Option Base 1
Private Sub Form_Click()
Dim a() As Integer,n%,i%,b() As Integer
n=Val(InputBox("请输入数组元素的个数:"))
ReDim a(n)
Print "原数组如下:"
For i=1 To n
a(i)=Int(Rnd*11+10)
Print a(i);
Next i

For i=1 To n-1
For j=i+1 To n
If a(j)=0 Then Exit For
If a(j)=a(i) Then a(j)=0
Next j
Next i
```

```
k=0   'k用于表示非零元素的个数
For i=1 To n
If a(i)<>0 Then k=k+1
Next i

ReDim b(k)
j=1
For i=1 To n
If a(i)<>0 Then b(j)=a(i):j=j+1
Next i
Print
Print "删除后:"
For i=1 To k
Print b(i);
Next i
End Sub
```

6.

程序代码如下:

```
Private Sub Form_Load()
  For i=6 To 40 Step 2
   Combo1.AddItem i
  Next i
End Sub

Private Sub Combo1_KeyPress(KeyAscii As Integer)
  If KeyAscii=13 Then
  Label3.FontSize=Combo1.Text
  End If
End Sub

Private Sub Combo1_Click()
  Label3.FontSize=Combo1.Text
End Sub
```

习 题 七

一、填空题

1. 传值,传地址
2. 无,有
3. 变量名
4. 144,用递归函数实现将十进制数以 r 进制显示
5. 6,用辗转相减法求 m、n 的最大公约数
6. swap a,b
7. IsP＝True,m Mod i＝0,p1 AND p2,＝p2
8. 30

二、选择题

1. D	2. C	3. D	4. D	5. C
6. A	7. C	8. A	9. D	10. D
11. D	12. C	13. A	14. C	15. A
16. B	17. A	18. B	19. C	20. B

三、判断题

1. √	2. ×	3. √	4. ×	5. √
6. ×	7. √	8. √	9. √	10. √

四、编程题

1.

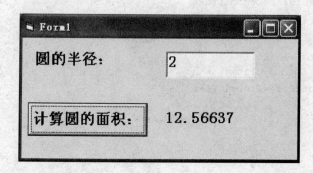

```
Public Function CirArea(r As Single) As Single
Const pi As Single=3.1415926
CirArea=pi* r^2
End Function


Private Sub Command1_Click()
Dim r!
r=Val(Text1.Text)
Label2.Caption=CirArea(r)
End Sub
```

2.

```
Function Fact(x As Integer) As Double
    Dim p As Double,i As Integer
    If x=0 Or x=1 Then Fact=1:Exit Function
    p=1
    For i=1 To x
      p=p* i
    Next i
    Fact=p
End Function


Private Sub Form_Click()
Dim m%,n%,t%
m=Val(InputBox("请输入 m 的值:"))
n=Val(InputBox("请输入 n 的值:"))
Do While m<n
MsgBox "m 的值要大于 n 的值!,请重新输入",vbExclamation
m=Val(InputBox("请输入 m 的值:"))
n=Val(InputBox("请输入 n 的值:"))
Loop
Print m & "!/" & n & "!/" & m-n & "!=";Fact(m)/Fact(n)/Fact(m-n)
End Sub
```

3.

```
Option Explicit
Private Sub Command1_Click()
    Label2.Caption=Judge(Text1.Text)
End Sub
'判断是否为回文录函数
Private Function Judge(str As String) As Boolean
Dim i As Integer
    Judge=True          '假设为回文
    For i=1 To Len(str)\2 '依次判断对应位置的两个字符,只要有一组不等即不是回文
        If Mid(str,i,1)<>Mid(str,Len(str)+1-i,1) Then
            Judge=False
            Exit Function
        End If
    Next i
End Function
```

4.

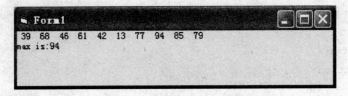

```
Public Function maxofshuzu(a() As Integer) As Integer
Dim i%,l%,u%,max%
l=LBound(a)
u=UBound(a)
max=a(l)
For i=l To u
If max<a(i) Then max=a(i)
Next i
maxofshuzu=max
End Function


Private Sub Form_Click()
Dim a(0 To 9) As Integer
Randomize
For i=0 To 9
a(i)=Int(Rnd*100)
Print a(i);
Next i
Print
Print "max is:" & maxofshuzu(a())
End Sub
```

5.

```
Public Function fibo(n As Integer) As Long
If (n=1 Or n=2) Then
    fibo=1
Else
    fibo=fibo(n-1)+fibo(n-2)
End If
End Function


Private Sub Form_Click()
Print "Fibonacci 数列的第 20 项为:" & fibo(20)
Print "Fibonacci 数列的第 30 项为:" & fibo(30)
End Sub
```

6.

```
Public Function mhc(n As Integer) As Single
Dim s As Long,t As Long,i As Integer
s=1:t=1
For i=1 To n
t=t*n
s=s+t
Next i
mhc=n/s
EndFunction


Private Sub Form_Click()
Dim a%,b%,c%,d%
a=3:b=5:c=7:d=9
Print "题中表达式的值为:" & mhc(a)+mhc(b)+mhc(c)+mhc(d)
End Sub
```

习 题 八

一、选择题

1. D	2. C	3. B	4. A	5. C
6. C	7. D	8. C	9. A	10. D
11. B	12. A	13. C		

二、填空题

1. "a"

2. Alignment

3. PictureBox1. Picture＝LoadPicture("C:\moon.jpg")

4. Image 控件不能当做其他控件的容器

5. A a

6. 计时器控件产生 Timer 事件的时间间隔　不再产生 Timer 事件

7. Action　2

8. FileTitle 属性不包含文件路径　C:\123\bs\cd.exe　cd.exe

9. CD1. DialogTitle＝"对话框窗口"

10. 对象.属性＝另一窗体名.控件名.属性

三、程序设计题

1. 界面设计:

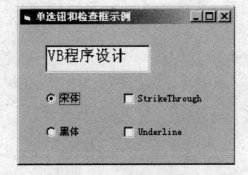

代码设计:

```
Private Sub Check1_Click()
    Text1.FontStrikethru=IIf(Check1.Value=1,True,False)
```

```
    End Sub
    Private Sub Check2_Click()
        Text1.FontUnderline=IIf(Check2.Value=1,True,False)
    End Sub
    Private Sub Option1_Click()
        Text1.FontName="宋体"
    End Sub
    Private Sub Option2_Click()
        Text1.FontName="黑体"
    End Sub
```

2. 代码设计：

```
    Private Sub Bold_Click()
        Text1.FontBold=True
    End Sub
    Private Sub Clear_Click()
        Text1.Text=""
    End Sub
    Private Sub End_Click()
        End
    End Sub
    Private Sub Font12_Click()
        Text1.FontSize=12
    End Sub
    Private Sub Font16_Click()
        Text1.FontName=16
    End Sub
    Private Sub italic_Click()
        Text1.FontItalic=True
    End Sub
```

3. 界面设计：

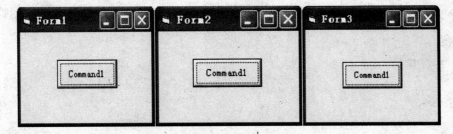

代码设计：

```
    'Form1窗体代码设计
    Private Sub Cmd1_Click()
        Form1.Hide
```

```
        Form2.Show
    End Sub


    'Form2 窗体代码设计
    Private Sub Cmd1_Click()
        Form1.Hide
        Form2.Show
    End Sub


    'Form3 窗体代码设计
    Private Sub Cmd3_Click()
        Form3.Hide
        Form1.Show
    End Sub
```

四、简答题

1. KeyDown 事件是当用户按下键盘且保持按下状态时按键的时候激发的事件,而 KeyPress 事件是用户按下并松开按键激发的事件。KeyDown 事件包含于 KeyPress 事件之内。

2. 弹出式菜单和下拉式菜单的设计区别主要在于两点:(1)下拉式菜单在菜单编辑器对话框中需要将可见选项选中,弹出式菜单需要将可见选项设置为不可见。(2)下拉式菜单在运行时,用户单击菜单项就能出现子菜单项;而弹出式菜单需要利用 popupmenu 语句。

3. 在界面上设计了控件数组,系统会自动为控件数组中每个控件成员自动分配序号。为控件数组中控件元素编写代码采用的是控件元素共享一个事件过程代码,当事件发生时利用序号参数区分到底由哪个控件元素相应此事件。

4. 事件过程代码中利用通用对话框的 ShowSave 方法打开另存为对话框,当用户在文件名对话框内输出文件名,按下"保存"按钮。然后利用文件打开语句,打开通用对话框 FileName 参数表示的文件。再利用文件写入语句,将需要保存的内容写入到此文件中。

习题九

一、选择题

1. A　　　2. C　　　3. D　　　4. B　　　5. D
6. C　　　7. B　　　8. C　　　9. B　　　10. B
11. D　　　12. C

二、填空题

1. Input
2. 1～511
3. 程序文件、数据文件、顺序文件、随机文件、ASCII 文件、二进制文件
4. Input ＃1,x　　Write ＃2,y
5. Open "A:\MYFILE.TXT" For Input As＃1

    Not EOF(1)=1

    Close ＃1
6. 文件 Fr.tx 所含的记录数
7. Input 语句和 Line Input 语句、Put、Get
8. EOF
9. Open、Close

三、程序设计题

1. 代码设计：

```
Private Sub Command1_Click()
    Open "C:\MYFILE.TXT" For Append As #1
    Print #1,"SUN","MON","TUE","WED","THU","FRI","SAT"
    For i =1 To 31
        Print #1,i,
        If i Mod 7=0 Then
        Print #1,
        End If
    Next i
    Close
End Sub
```

2. 界面设计：

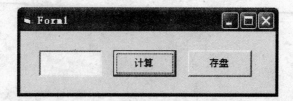

代码设计：

```
Dim i As Integer
Private Sub Command1_Click()
    Dim k As Integer,t As Integer
    i=15000
    Do While t=0
      For k=2 To i-1
          If i Mod k=0 Then
                Exit For
          End If
      Next k
      If k<i Then
          i=i+1
      Else
          t=1
      End If
    Loop
    Text1.Text=i
End Sub
Private Sub Command2_Click()
    Open "C:\VB35.TXT" For Output As #1
    Write #1,"大于15000的第一个素数为:" & i
    Close
End Sub
```

3. 代码设计：

```
Type student
    date1 As Date
    Money As Integer
End Type
Private Sub Command1_Click()
    Dim x As Date,k As Integer,sum As Integer
    Dim Stud As student
    Open "C:\报销经费.txt" For Random As #1 Len=Len(student)
    Open "C:\报销经费总和.txt" For Random As #2
    For i=1 To LOF(1)/Len(student)
```

```
        Get #1,i,Stud
        sum=sum+Stud.Money
    Next i
    Put #2,1,sum
    Close
End Sub
```

四、简答题

1. 因为系统为文件在内存中开辟了一个专门的数据存储区域,成为文件缓冲区,文件的读写操作都会将读取的数据或者需要写入的数据放入文件缓冲区,只有执行 Close 语句关闭文件之后,缓冲区内的数据才会相应写入文件或者赋值给变量。若不关闭文件,直接结束程序,缓冲区内的数据没有得到相应的处理,就可能出现丢失现象。

2. Print ♯ 和 Write ♯ 都是顺序文件的写操作语句,Write ♯ 是以紧凑格式存放数据,在数据项之间插入",",并给字符串加上双引号,数值数据没有双引号。Print ♯ 和 Write ♯ 的主要区别在于字符串没有双引号,数据之间没有","。

3. 文件可以分为顺序文件、随机文件、二进制文件。

顺序文件数据存储的格式是 ASCII 码,对文件的操作只能从文件的开始按照顺序处理到文件结束,不可随意操作任意位置的数据,并且读写操作不能同时进行。随机文件是由记录所组成的集合,用户可通过记录号对随机记录进行操作,且可以同时进行读写操作。二进制文件数据存储的格式是字节,用户可以通过字节号对文件进行操作,也可以同时进行读写操作。

4. EOF 函数能判断文件是否到达末尾。当文件到达末尾时,EOF 函数返回 True,否则返回 False。LOF 函数返回文件的字节数。

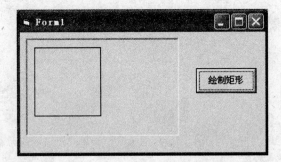

习 题 十

一、选择题

1. B   2. B   3. C   4. A   5. A

6. C   7. A   8. C   9. C   10. B

11. A   12. C   13. B

二、填空题

1. Circle（ScaleLeft＋ScaleWidth/2,ScaleTop＋ScaleHeight/2),800

2. LoadPicture

3. AutoSize、Stretch、False、False

4. 选定、属性

5. Picture1. Picture＝LodePicture("C:\Windows\Cloud. bmp")

6. 图像框、其他控件

7. 缇、SclaeMode

8. 绘制点

9. Scale

10. 图形框的顶部和左侧

三、程序设计题

1. 界面设计：

代码设计：

```
Private Sub Form_Load()
    Picture1.ScaleMode=3
End Sub
```

```
Private Sub Command1_Click()
    Dim x1 As Single,y1 As Single,x2 As Single,y2 As Single
    x1=InputBox("x1="):y1=InputBox("y1=")
    x2=InputBox("x2="):y2=InputBox("y2=")
    Picture1.Line(x1,y1)-(x2,y2),,B
End Sub
```

2. 界面设计：

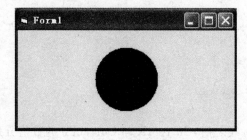

代码设计：

```
Private Sub Form_click()
    Dim r As Single,xo As Single,yo As Single
    If Form1.ScaleHeight<Form1.ScaleWidth Then
        r=Form1.ScaleHeight/3
    Else
        r=Form1.ScaleWidth/3
    End If
    xo=Form1.ScaleLeft+ Form1.ScaleWidth/2
    yo=Form1.ScaleTop+ Form1.ScaleHeight/2
    Form1.FillStyle=0:Form1.FillColor=vbBlue
    Form1.DrawWidth=2:Form1.ScaleMode=6
    Form1.Circle(xo,yo),r,vbYellow
End Sub
```

3. 界面设计：

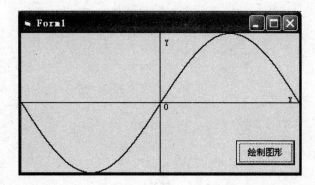

代码设计：

```
Private Sub Command1_Click()
    Form1.Scale (-3.14159,1)-(3.14159,-1)
```

```
        Line (-3.14159,0)-(3.14159,0)
        Line (0,1)-(0,-1)
        CurrentX=0:CurrentY=0:Print 0
        CurrentX=2.9:CurrentY=0.1:Print "X"
        CurrentX=0.1:CurrentY=0.92:Print "Y"
        For x=-3.14159 To 3.14159 Step 0.0001
            y=Sin(x)
            PSet (x,y)
        Next x
    End Sub
```

四、简答题

1. 使用 Line 方法画线之后，CurrentX 与 CurrentY 的数值分别等于线条最后终点处的横左边已经纵坐标。

2. Circle 方法绘制圆弧时，圆弧角度的单位是弧度制，圆弧角度的范围是 $0 \sim 2\pi$。

3. Pset 方法用于绘制点和矩形。当需要绘制函数图形时，可以利用 For 循环语句，循环变量的初值和终值分别等于需要绘制图形范围内的横坐标 X 的初始值和结束值，步长尽量取小，步长增量越小，图形绘制约精确。然后在循环语句内，利用函数表达式，计算需要绘制点的纵坐标 Y。利用循环语句不断的在对象上绘制点，由于步长增量很小，大量的函数点就构成了函数图形。

4. 利用 Line 方法绘制动态时钟，需要利用 Timer 控件在对象上以一秒钟为间隔，在对象上不断的绘制此时时针、分针、秒针的动态位置。这三个针可以利用三条直线实现，三条直线的起点位置相同，都在对象的中点位置。直线的终点则都落在一个圆圈上，将圆圈分成 60 等分，秒钟终点每隔 1 秒钟，移动一格角度；分针终点每隔 60 秒，移动一格角度；时针终点每隔 3 600 秒走动 5 格角度。

习题十一

一、选择题

1. D   2. A   3. A   4. C   5. C

6. C   7. D   8. C   9. C   10. C

二、填空题

1. 层次性　网状型　关系型
2. DataSource　DataField
3. AbsoloutPostion
4. MoveLast
5. Microsoft ActiveX Data Object2.0 Library
6. 添加新记录前的位置上
7. Bookmark
8. DataSource
9. DatabaseName　RecordSource
10. OpenDatabase()
11. DataSource
12. ConnectionString
13. DataSource　Data1　DataField
14. RecordSource
15. 表类型

三、简答题

1. 关系数据库是将数据以表的集合来表示的。在关系数据库中,以行和列组织的二维表的形式来存放数据,行被称为记录,列被称为字段,表是具有相关信息的逻辑组,通过行和列的关系将表联系到一起。

2. 数据查询、数据操纵、数据定义和数据控制4个方面。

3. 可与数据绑定的标准控件有文本框、标签、图片框、图像框、检查框、列表框、组合框以及 OLE 控件8种。

要使数据绑定控件直接连接到记录集的某个字段,通过对控件的两个属性进行设置:

(1) DataSource 属性:用于设定与控件绑定的 Data 控件的名称,即将绑定控件与数据源连接；

（2）DataField 属性：用于设定在数据绑定控件所要显示的字段的名称。

4.（1）将 ADO 数据控件添加到工具箱中，在窗体上放置 ADO 数据控件；

（2）设置 ConnectionString 属性，建立 ADO 数据控件与数据库的连接；

（3）设置 RecordSource 属性，从数据库中选择数据构成记录集；

（4）对数据库中数据进行操作。

5. 记录集是从数据库中按一定查询条件读入到内存中的一批记录，以供快速的操作。

VB 还提供了 4 种移动记录指针的方法：

（1）MoveFirst 方法，将指针移到第一条记录；

（2）MoveLast 方法，将指针移到最后一条记录；

（3）MoveNext 方法，将指针移到下一条记录；

（4）MovePrevious 方法，将指针移到上一条记录。

6.（1）界面设计；

（2）建立连接和产生记录集；

（3）设置绑定属性。

第三部分 计算机等级考试

第一章 计算机等级考试简介

一、考试性质

全国计算机等级考试(national computer rank examination,NCRE),是经教育部批准,由教育部考试中心主办,面向社会,用于考查应试人员计算机应用知识与能力的全国性计算机应用知识与能力的等级水平考试。

二、考试目的

适应社会主义市场经济建设的需要。一方面是为了促进计算机知识的普及和计算机应用技术的推广;另一方面是为劳动力市场服务,即为劳动(就业)人员提供其计算机应用知识与能力的证明,为用人单位录用和考核工作人员提供一个统一、客观、公正的评价标准。

三、组织机构

教育部考试中心聘请全国著名计算机专家组成"计算机等级考试委员会",负责设计考试方案、审定考试大纲、制定命题原则、指导和监督考试的实施。教育部考试中心负责实施考试、制定有关规章制度、编写考纲和辅导材料、命制试卷及评分标准、研制考试必需的计算机软件、开展考试研究和宣传。

教育部考试中心在各省设立省级承办机构(省级计算机等级考试委员会),负责本地考试的宣传、推广和实施,根据规定设置考点、组织评卷、分数处理、颁发合格证书等。省级承办机构下设的考点负责考生的报名、纸笔考试、上机考试及相关的管理工作,发放成绩通知单和转发合格证书。

四、等级设置

NCRE 考试共设置 4 个等级。

一级 考核微型计算机基础知识和使用办公软件及因特网(Internet)的基本技能。考试科目包括一级 MS Office、一级 WPS Office、一级 B(部分省市开考)。此类考试考核内容和水平与一级相当,但完全采用无纸化的上机考试形式,证书上注明"B类字样"。

二级 考核计算机基础知识和使用一种高级计算机语言编写程序以及上机调试的基本技能。考试科目包括语言程序设计(C,C++,Java,Visual Basic)、数据库程序设计(Visual FoxPro,Access)。

三级　分为"PC 技术"、"信息管理技术"、"数据库技术"和"网络技术"4 个类别。"PC 技术"考核 PC 机硬件组成和 Windows 操作系统的基础知识以及 PC 机使用、管理、维护和应用开发的基本技能;"信息管理技术"考核计算机信息管理应用基础知识及管理信息系统项目和办公自动化系统项目开发、维护的基本技能;"数据库技术"考核数据库系统基础知识及数据库应用系统项目开发和维护的基本功能;"网络技术"考核计算机网络基础知识及计算机网络应用系统开发和管理的基本技能。

四级　考核计算机专业基本知识以及计算机应用项目的分析设计、组织实施的基本技能。

五、考试形式

NCRE 考试采用由全国统一命题,统一考试时间,纸笔考试和上机操作考试相结合的形式。纸笔考试题型包括选择题和填空题,四级含有论述题。一级各科全部采用上机考试,不含纸笔考试。

纸笔考试时间:二级 C 为 120 分钟,二级其他科目均为 90 分钟,三级为 120 分钟,四级为 180 分钟。

上机操作考试时间:一级为 90 分钟,二级 C、三级、四级均为 60 分钟,二级除 C 外各科均为 90 分钟。

六、考试日期

NCRE 考试每年开考两次:上半年开考一、二、三级,下半年开考一、二、三、四级。上半年考试时间为 4 月第一个星期 6 上午(笔试);下半年考试时间为 6 月倒数第二个星期 6 上午(笔试),上机考试从笔试的当天下午开始。上机考试期限原则上定为 5 天,由考点根据考生数量和设备情况具体安排。

七、考生报名

考生不受年龄、职业、学历等背景的限制,任何人均可根据自己学习和使用计算机的实际情况,选考不同等级的考试。每次考试报名的具体时间由各省(自治区、直辖市)级承办机构规定。考生按照有关规定到就近考点报名。上次考试的笔试和上机考试仅其中一项成绩合格的,下次考试报名时应出具上次考试成绩单,成绩合格项可以免考,只参加未通过项的考试。

八、成绩评定方法

NCRE 考试笔试、上机考试实行百分制计分,但以等第分数通知考生成绩。等第分数分为"不及格"、"及格"、"良好"及"优秀"4 等。笔试和上机考试成绩均在"及格"以上者,由教育部考试中心发合格证书。笔试和上机考试成绩均为"优秀"的,合格证书上会注明"优秀"字样。

九、合格证书

全国计算机等级考试合格证书式样按国际通行证书式样设计,用中、英两种文字书写,证书编号全国统一,证书上印有持有人身份证号码。该证书全国通用,是持有人计算机应用能力的证明。

第二章　全国计算机等级考试模拟软件的使用方法

一、用户界面的进入

单击全国计算机等级考试模拟软件二级 VB 的图标,进入模拟软件的用户界面,如下图所示,再选择练习或考试按钮后单击进入下一级界面。

1. 建立考生文件夹

考生文件夹中保存了考生答题的所有记录,它是考生得分的依据,所以考生的所有答题操作必须保存在考生文件夹下。对于本系统,在安装过程中若选择了某个盘符(比如说 D 盘),则对应的考生文件夹如下:练习模块的考生文件夹是 D:\WEXAM\00000000;考试模块的考生文件夹是 D:\WEXAM\25160001(准考证号的前 4 位和后 4 位组成的)。

2. 上机考试准考证号

本科目的上机考试准考证号是 281699990001。

3. 二次登录密码

如果是第二次登录上机考试系统,需要输入"二次登录密码"。重新抽题请输入"123",继续上次考试请输入"ABC"。

二、音乐开启/关闭(可选)

软件在运行过程中,可以随时对背景音乐进行控制。在考试系统主界面的右上角,有两个按钮分别用于对音乐进行开启和关闭。

三、"练习"模块的使用

1. 笔试练习

进入系统后即弹出本软件的主界面,单击其中的"练习"→"笔试部分"按钮,即可对练习部分的笔试进行相应的操作。

(1) 固定抽题。单击界面上的"固定抽题"按钮,会弹出"固定抽题"对话框。选中套数,系统会自动从题库中抽出指定套数的笔试试卷。

(2) 随机抽题。单击界面上的"随机抽题"按钮,会弹出"随机抽题"对话框,系统会自动、随机地为您从题库中抽出笔试试卷。

(3) 恢复现场。系统自动记录最近一次所抽的笔试试卷,单击界面上的"恢复现场"按钮,系统将自动从题库中抽取最近一次所抽的试题。

(4) 答题再现。答题再现可谓本软件的一大特色,即系统可以以时间为依据记录考生所有答题记录(除非卸载了该软件),包括考生的答案、答题时间等。可以对答题记录进行显示、导出和打印,具体操作过程为:选定"记录次列表"中的时间;单击右框中的"显示"按钮;单击右框中的"导出"按钮。

2. 笔试答题及当前题评析

进入笔试试卷后,将显示笔试主界面(由上面的信息窗口和下面的试题窗口两部分组成)。此时,系统已经开始启动并计时。单击其中的"选择题"按钮即可进入相应的答题界面。

通过该界面中的"首题"、"上一题"、"下一题"和"末题"按钮可以对当前套的试题进行浏览、答题,然后在右侧显示答题情况。

做完选择题,单击"返回"按钮进入笔试主界面,然后单击"填空题"按钮进行填空题的答题。

本软件还可以进行即时评分,通过"当前题评分"和"当前题评析"两个按钮,可以随时对当前题进行评分和查看解析。

四、笔试交卷评分

做完一套试卷后,通过选择题或填空题中的"返回"按钮回到笔试主界面,使鼠标指针悬停在信息窗口右端的"交卷"字样上,鼠标会变成"手"的形状,单击鼠标左键,即可进行交卷。

五、上机练习

进入系统后即弹出本软件的主界面,单击其中的"练习"→"上机部分"按钮,即可对练习部分的上机进行相应的操作。

（1）固定抽题。单击界面上的"固定抽题"按钮，会弹出"固定抽题"对话框。选定套数，系统会自动从题库中抽出指定套数的上机试题。

（2）随机抽题。单击界面上的"随机抽题"按钮，弹出"随机抽题"对话框，系统会自动、随机地从题库中抽出上机试题。

（3）恢复现场。系统自动记录您最近一次所抽的上机试题，单击界面上的"恢复现场"按钮，系统将自动从题库中抽取最近一次所抽的试题。

注意：所有答题操作必须在考生文件夹下完成。

六、生成上机答案

单击"生成答案"按钮，可以自动生成本题所对应的正确答案源程序。

七、"考试"模块的使用

进入系统后即弹出本软件的主界面，单击其中的"考试"→"笔试部分"按钮，即可对考试部分的笔试进行相应的操作。

答题过程中，可参阅考试指南中的具体操作方法。

第三章　全国计算机等级考试上机考试指南

一、考场纪律

（1）考生在规定的考试时间前 30 分钟报到，交验准考证和身份证。

（2）迟到 10 分钟者取消考试资格。

（3）考试中计算机出现故障、死机、死循环等异常情况，应举手示意与监考联系，不得随意关机。

二、考试环境

1. 硬件环境

硬件环境	
主机	PII 以上及其各种兼容机
内存	64 MB 基本内存
显卡	彩显 VGA，具备 512 K 以上显存
硬盘空间	100 MB 以上空间

2. 软件环境

软件环境	
操作系统	Windows 2000
考试系统	全国计算机等级考试系统

三、答题过程

1. 笔试部分

笔试部分包含选择题和填空题，分别选择选择题或填空题便可进入。

1）选择题

（1）界面左侧为答题区，右侧为试题区，可单击左侧题号选择题目，界面如下图所示。将认为正确的答案，单击其对应 A、B、C 或 D 完成答题。

（2）做完一题，单击"下一题"继续答题。

（3）选择题作答完毕，单击返回可返回至笔试选择界面。

2）填空题

（1）界面左侧为答题区域，右侧为题号，可单击题号来选择题目。

（2）答案应填写在左侧下方的预留答题区域。

（3）做完一题,单击"下一题"继续答题。

（4）填空题作答完毕,单击"返回"可返回至笔试选择界面。如有未完成可在笔试选择界面下继续选择完成。

整个笔试部分全部完成,检查完毕,方可单击交卷提交试卷。单击"提交",此试卷便算完成,无法继续答题,切勿提前单击提交。

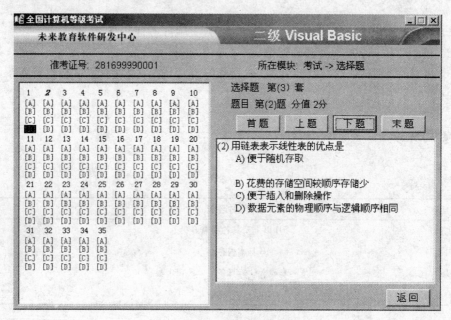

2）上机部分

上机包含基本操作题、简单应用题和综合应用题。所有上机部分题目都必须在Microsoft VB 编程环境下完成,不可在系统上直接答题。

卷 I　全国计算机等级考试二级笔试试卷 Visual Basic 语言

（考试时间 120 分钟，满分 100 分）

一、选择题（(1)～(20)每小题 2 分,(21)～(30)每小题 3 分,共 70 分）

(1) 以下叙述中错误的是（　　）。

A. Visual Basic 是事件驱动型可视化编程工具

B. Visual Basic 应用程序不具有明显的开始和结束语句

C. Visual Basic 工具箱中的所有控件都具有宽度（Width）和高度（Height）属性

D. Visual Basic 中控件的某些属性只能在运行时设置

(2) 以下叙述中错误的是（　　）。

A. 在工程资源管理器窗口中只能包含一个工程文件及属于该工程的其他文件

B. 以 .BAS 为扩展名的文件是标准模块文件

C. 窗体文件包含该窗体及其控件的属性

D. 一个工程中可以含有多个标准模块文件

(3) 以下叙述中错误的是（　　）。

A. 双击鼠标可以触发 DblClick 事件

B. 窗体或控件的事件的名称可以由编程人员确定

C. 移动鼠标时,会触发 MouseMove 事件

D. 控件的名称可以由编程人员设定

(4) 以下不属于 Visual Basic 系统的文件类型是（　　）。

A. . frm 　　　　　　　　　　　　B. . bat

C. . vbg 　　　　　　　　　　　　D. . vbp

(5) 以下叙述中错误的是（　　）。

A. 打开一个工程文件时,系统自动装入与该工程有关的窗体、标准模块等文件

B. 保存 Visual Basic 程序时,应分别保存窗体文件及工程文件

C. Visual Basic 应用程序只能以解释方式执行

D. 事件可以由用户引发,也可以由系统引发

(6) 以下能正确定义数据类型 TelBook 的代码是（　　）。

A. Type TelBook

　　Name As String*10

　　TelNum As Integer

```
    End Type
B. Type TelBook
   Name As String*10
   TelNum As Integer
   End TelBook
C. Type TelBook
   Name String*10
   TelNum Integer
   End Type TelBook
D. Typedef TelBook
   Name String*10
   TelNum Integer
   End Type
```

(7) 以下声明语句中错误的是(　　　)。

A. Const var1=123　　　　　　　　B. Dim var2='ABC'

C. DefInt a-z　　　　　　　　　　D. Static var3 As Integer

(8) 设窗体上有一个列表框控件 List1,且其中含有若干列表项,则以下能表示当前被选中的列表项内容的是(　　　)。

A. List1. List　　　　　　　　　　B. List1. ListIndex

C. List1. Index　　　　　　　　　D. List1. Text

(9) 程序运行后,在窗体上单击鼠标,此时窗体不会接收到的事件是(　　　)。

A. MouseDown　　　　　　　　　B. MouseUp

C. Load　　　　　　　　　　　　D. Click

(10) 设 a=10,b=5,c=1,执行语句 Print a>b>c 后,窗体上显示的是(　　　)。

A. True　　　　　　　　　　　　B. False

C. 1　　　　　　　　　　　　　D. 出错信息

(11) 如果要改变窗体的标题,则需要设置的属性是(　　　)。

A. Caption　　　　　　　　　　　B. Name

C. BackColor　　　　　　　　　　D. BorderStyle

(12) 以下能判断是否到达文件尾的函数是(　　　)。

A. BOF　　　　　　　　　　　　B. LOC

C. LOF　　　　　　　　　　　　D. EOF

(13) 如果一个工程含有多个窗体及标准模块,则以下叙述中错误的是(　　　)。

A. 如果工程中含有 Sub Main 过程,则程序一定首先执行该过程

B. 不能把标准模块设置为启动模块

C. 用 Hide 方法只是隐藏一个窗体,不能从内存中清除该窗体

D. 任何时刻最多只有一个窗体是活动窗体

(14) 窗体的 MouseDown 事件过程

Form_MouseDown(Button As Integer,Shift As Integer,X As Single,Y As Single)
有 4 个参数,关于这些参数,正确的描述是( )。

A. 通过 Button 参数判定当前按下的是哪一个鼠标键

B. Shift 参数只能用来确定是否按下 Shift 键

C. Shift 参数只能用来确定是否按下 Alt 和 Ctrl 键

D. 参数 x,y 用来设置鼠标当前位置的坐标

(15) 设组合框 Combo1 中有 3 个项目,则以下能删除最后一项的语句是( )。

A. Combo1.RemoveItem Text

B. Combo1.RemoveItem 2

C. Combo1.RemoveItem 3

D. Combo1.RemoveItem Combo1.Listcount

(16) 以下关于焦点的叙述中,错误的是( )。

A. 如果文本框的 TabStop 属性为 False,则不能接收从键盘上输入的数据

B. 当文本框失去焦点时,触发 LostFocus 事件

C. 当文本框的 Enabled 属性为 False 时,其 Tab 顺序不起作用

D. 可以用 TabIndex 属性改变 Tab 顺序

(17) 如果要在菜单中添加一个分隔线,则应将其 Caption 属性设置为( )。

A. =   B. *

C. &   D. —

(18) 执行语句 Open "Tel. dat" For Random As ♯1 Len＝50 后,对文件 Tel. dat 中的数据能够执行的操作是( )。

A. 只能写,不能读   B. 只能读,不能写

C. 既可以读,也可以写   D. 不能读,不能写

(19) 在窗体上画一个名称为 Command1 的命令按钮和两个名称分别为 Text1、Text2 的文本框,然后编写如下事件过程:

```
Private Sub Command1_Click()
n=Text1.Text
Select Case n
Case 1 To 20
x=10
Case 2,4,6
x=20
Case Is<10
x=30
Case 10
x=40
End Select
Text2.Text=x
End Sub
```

程序运行后,如果在文本框 Text1 中输入 10,然后单击命令按钮,则在 Text2 中显示的内容是( )。

    A. 10   B. 20   C. 30   D. 40

（20）设有以下循环结构

```
Do
循环体
Loop While < 条件>
```

则以下叙述中错误的是( )。

    A. 若"条件"是一个为 0 的常数,则一次也不执行循环体

    B. "条件"可以是关系表达式、逻辑表达式或常数

    C. 循环体中可以使用 Exit Do 语句

    D. 如果"条件"总是为 True,则不停地执行循环体

（21）在窗体上画一个名称为 Command1 的命令按钮,然后编写如下事件过程：

```
Private Sub Command1_Click()
Dim num As Integer
num=1
Do Until num>6
Print num;
num=num+2.4
Loop
End Sub
```

程序运行后,单击命令按钮,则窗体上显示的内容是( )。

    A. 1 3.4 5.8   B. 1 3 5

    C. 1 4 7   D. 无数据输出

（22）在窗体上画一个名称为 Command1 的命令按钮,然后编写如下事件过程：

```
Private Sub Command1_Click()
Dim a As Integer,s As Integer
a=8
s=1
Do
s=s+a
a=a-1
Loop While a<=0
Print s;a
End Sub
```

程序运行后,单击命令按钮,则窗体上显示的内容是( )。

    A. 7 9   B. 34 0

    C. 9 7   D. 死循环

（23）设有如下通用过程：

```
Public Function f(x As Integer)
```

```
Dim y As Integer
x=20
y=2
f=x*y
End Function
```

在窗体上画一个名称为 Command1 的命令按钮,然后编写如下事件过程:

```
Private Sub Command1_Click()
Static x As Integer
x=10
y=5
y=f(x)
Print x;y
End Sub
```

程序运行后,如果单击命令按钮,则在窗体上显示的内容是(　　)。

A. 10 5　　　　　　　　　　　B. 20 5

C. 20 40　　　　　　　　　　D. 10 40

(24) 设有如下通用过程:

```
Public Sub Fun(a(),ByVal x As Integer)
For i=1 To 5
x=x+a(i)
Next
End Sub
```

在窗体上画一个名称为 Text1 的文本框和一个名称为 Command1 的命令按钮,然后编写如下的事件过程:

```
Private Sub Command1_Click()
Dim arr(5) As Variant
For i=1 To 5
arr(i)=i
Next
n=10
Call Fun(arr(),n)
Text1.Text=n
End Sub
```

程序运行后,单击命令按钮,则在文本框中显示的内容是(　　)。

A. 10　　　　　　　　　　　B. 15

C. 25　　　　　　　　　　　D. 24

(25) 在窗体上画一个名称为 Command1 的命令按钮,然后编写如下代码:

```
Option Base 1
Private Sub Command1_Click()
d=0
c=10
```

```
x=Array(10,12,21,32,24)
For i=1 To 5
If x(i)>c Then
d=d+x(i)
c=x(i)
Else
d=d-c
End If
Next i
Print d
End Sub
```

程序运行后,如果单击命令按钮,则在窗体上输出的内容为(　　)。

A. 89　　　　　　　　　　　B. 99

C. 23　　　　　　　　　　　D. 77

(26) 在窗体上画 2 个滚动条,名称分别为 Hscroll1 和 Hscroll2;6 个标签,名称分别为 Label1,Label2,Label3,Label4,Label5,Label6,其中标签 Label 4～Label6 分别显示 "A"、"B"、"A * B"等文字信息,标签 Label1 和 Label2 分别显示其右侧的滚动条的数值,Label3 显示 A * B 的计算结果。当移动滚动框时,在相应的标签中显示滚动条的值。当单击命令按钮"计算"时,对标签 Label1 和 Label2 中显示的两个值求积,并将结果显示在 Label3 中。以下不能实现上述功能的事件过程是(　　)。

A. Private Sub Command1_Click()
```
    Label3.Caption=Str(Val(Label1.Caption)*Val(Label2.Caption))
    End Sub
```
B. Private Sub Command1_Click()
```
    Label3.Caption=HScroll1.Value*HScroll2.Value
    End Sub
```
C. Private Sub Command1_Click()
```
    Label3.Caption=HScroll1*HScroll2
    End Sub
```
D. Private Sub Command1_Click()
```
    Label3.Caption=HScroll1.Text*HScroll2.Text
    End Sub
```

(27) 在窗体上画一个名称为 Command1 的命令按钮,然后编写如下事件过程:

```
Private Sub Command1_Click()
For n=1 To 20
If n Mod 3<>0 Then m=m+n\3
Nextn
Print n
End Sub
```

程序运行后,如果单击命令按钮,则窗体上显示的内容是( )。

A. 15   B. 18

C. 21   D. 24

(28) 在窗体上画一个名称为 Text1 的文本框,并编写如下程序:

```
Private Sub Form_Load()
Show
Text1.Text=""
Text1.SetFocus
End Sub
Private Sub Form_MouseUp(Button As Integer,Shift As Integer,X As Single,Y As
Single)
    Print "程序设计"
End Sub
Private Sub Text1_KeyDown(KeyCode As Integer,Shift As Integer)
Print "Visual Basic";
End Sub
```

程序运行后,如果按"A"键,然后单击窗体,则在窗体上显示的内容是( )。

A. Visual Basic   B. 程序设计

C. A 程序设计   D. Visual Basic 程序设计

(29) 设有如下程序:

```
Private Sub Command1_Click()
Dim sum As Double,x As Double
sum=0
n=0
For i=1 To 5
x=n/i
n=n+1
sum=sum+x
Next
End Sub
```

该程序通过 For 循环计算一个表达式的值,这个表达式是( )。

A. 1+1/2+2/3+3/4+4/5   B. 1+1/2+2/3+3/4

C. 1/2+2/3+3/4+4/5   D. 1+1/2+1/3+1/4+1/5

(30) 以下有关数组定义的语句序列中,错误的是( )。

A. Static arr1(3)

　arr1(1)=100

　arr1(2)="Hello"

　arr1(3)=123.45

B. Dim arr2() As Integer

　Dim size As Integer

```
    Private Sub Command2_Click()
    size=InputBox("输入:")
    ReDim arr2(size)
    ......
    End Sub
C. Option Base 1
    Private Sub Command3_Click()
    Dim arr3(3) As Integer
    ......
    End Sub
D. Dim n As Integer
    Private Sub Command4_Click()
    Dim arr4(n) As Integer
    ......
    End Sub
```

二、填空题(每空 2 分,共 30 分)

(1) 执行下面的程序段后,i 的值为_____,s 的值为_____。

```
s=2
For i=3.2 To 4.9 Step 0.8
s=s+1
Next i
```

(2) 把窗体的 KeyPreview 属性设置为 True,然后编写如下两个事件过程:

```
Private Sub Form_KeyDown(KeyCode As Integer,Shift As Integer)
    Print Chr(KeyCode)
End Sub
Private Sub Form_KeyPress(KeyAscii As Integer)
    Print Chr(KeyAscii)
End Sub
```

程序运行后,如果直接按键盘上的"A"键(即不按住 Shift 键),则在窗体上输出的字符分别是_____和_____。

(3) 在窗体上画一个标签(名称为 Label1)和一个计时器(名称为 Timer1),然后编写如下几个事件过程:

```
Private Sub Form_Load()
Timer1.Enabled=False
Timer1.Interval=_____
End Sub
Private Sub Form_Click()
```

```
    Timer1.Enabled=_____
    End Sub
    Private Sub Timer1_Timer()
    Label1.Caption=_____
    End Sub
```

程序运行后,单击窗体,将在标签中显示当前时间如 14:54:41,每隔 1 秒钟变换一次。请填空。

_____

_____

(4) 在窗体上画一个文本框、一个标签和一个命令按钮,其名称分别为 Text1、Label1 和 Command1,然后编写如下两个事件过程:

```
    Private Sub Command1_Click()
    S$=InputBox("请输入一个字符串")
    Text1.Text=S$
    End Sub
    Private Sub Text1_Change()
    Label1.Caption=UCase(Mid(Text1.Text,7))
    End Sub
```

程序运行后,单击命令按钮,将显示一个输入对话框,如果在该对话框中输入字符串 "VisualBasic",则在标签中显示的内容是_____。

(5) 在窗体上画一个列表框、一个命令按钮和一个标签,其名称分别为 List1、Command1 和 Label1,通过属性窗口把列表框中的项目设置为"第一个项目"、"第二个项目"、"第三个项目"、"第四个项目"。程序运行后,在列表框中选择一个项目,然后单击命令按钮,即可将所选择的项目删除,并在标签中显示列表框当前的项目数,运行情况如图所示(选择"第三个项目"的情况)。下面是实现上述功能的程序,请填空。

```
    Private Sub Command1_Click()
    If List1.ListIndex> = _____ Then
    List1.RemoveItem _____
    Label1.Caption= _____
    Else
    MsgBox "请选择要删除的项目"
    End If
    End Sub
```

_____

第一个项目
第二个项目 COMMAND1
第三个项目 3

_____

(6) 设有程序:

```
    Option Base 1
```

```
Private Sub Command1_Click()
Dim arr1,Max As Integer
arr1=Array(12,435,76,24,78,54,866,43)

_____=arr1(1)
For i=1 To 8
If arr1(i)>Max Then _____
Next i
Print "最大值是:";Max
End Sub
```

以上程序的功能是,用 Array 函数建立一个含有 8 个元素的数组,然后查找并输出该数组中元素的最大值。请填空。

　　(7) 以下程序的功能是:把当前目录下的顺序文件 smtext1.txt 的内容读入内存,并在文本框 Text1 中显示出来。请填空。

```
Private Sub Command1_Click()
Dim inData As String
Text1.Text=""
Open ".\smtext1.txt" _____ As #1
Do While _____
Input #1,inData
Text1.Text=Text1.Text & inData
Loop
Close #1
End Sub
```

卷 Ⅰ 参考答案

一、选择题

(1) C	(2) A	(3) B	(4) B	(5) C
(6) A	(7) B	(8) D	(9) C	(10) B
(11) A	(12) D	(13) A	(14) A	(15) B
(16) A	(17) D	(18) C	(19) A	(20) A
(21) B	(22) C	(23) C	(24) A	(25) C
(26) D	(27) C	(28) D	(29) C	(30) D

二、填空题

　　(1) 5.6　5

(2) A a

(3) 1 000 True Time

(4) BASIC

(5) 0 List1. ListIndex List1. ListCount

(6) Max Max=arr1(i)

(7) For Input Not EOF(1)

卷 II 2010 年 3 月全国计算机等级考试二级 VB 笔试试题

一、选择题(每小题 2 分,共 70 分)

下列各题 A,B,C,D 四个选项中,只有一个选项是正确的。请将正确选项填涂在答题卡相应位置上,答在试卷上不得分。

(1) 下列叙述中正确的是(   )。

A. 对长度为 n 的有序链表进行查找,最坏情况下需要的比较次数为 n

B. 对长度为 n 的有序链表进行对分查找,最坏情况下需要的比较次数为(n/2)

C. 对长度为 n 的有序链表进行对分查找,最坏情况下需要的比较次数为(log2n)

D. 对长度为 n 的有序链表进行对分查找,最坏情况下需要的比较次数为(n log2n)

(2) 算法的时间复杂度是指(   )。

A. 算法的执行时间

B. 算法所处理的数据量

C. 算法程序中的语句或指令条数

D. 算法在执行过程中所需要的基本运算次数

(3) 软件按功能可以分为:应用软件、系统软件和支撑软件(或工具软件)。下面属于系统软件的是(   )。

A. 编辑软件   B. 操作系统

C. 教务管理系统   D. 浏览器

(4) 软件(程序)调试的任务是(   )。

A. 诊断和改正程序中的错误

B. 尽可能多地发现程序中的错误

C. 发现并改正程序中的所有错误

D. 确定程序中错误的性质

(5) 数据流程图(DFD 图)是(   )。

A. 软件概要设计的工具

B. 软件详细设计的工具

C. 结构化方法的需求分析工具

D. 面向对象方法的需求分析工具

(6) 软件生命周期可分为定义阶段,开发阶段和维护阶段。详细设计属于(　　)。

A. 定义阶段　　　　　　　　　　B. 开发阶段

C. 维护阶段　　　　　　　　　　D. 上述三个阶段

(7) 数据库管理系统中负责数据模式定义的语言是(　　)。

A. 数据定义语言　　　　　　　　B. 数据管理语言

C. 数据操纵语言　　　　　　　　D. 数据控制语言

(8) 在学生管理的关系数据库中,存取一个学生信息的数据单位是(　　)。

A. 文件　　　　　　　　　　　　B. 数据库

C. 字段　　　　　　　　　　　　D. 记录

(9) 数据库设计中,用 E-R 图来描述信息结构但不涉及信息在计算机中的表示,它属于数据库设计的(　　)。

A. 需求分析阶段　　　　　　　　B. 逻辑设计阶段

C. 概念设计阶段　　　　　　　　D. 物理设计阶段

(10) 有两个关系 R 和 T 如下:

R

A	B	C
a	1	2
b	2	2
c	3	2
d	3	2

T

A	B	C
c	3	2
d	2	2

则由关系 R 得到关系 T 的操作是(　　)。

A. 选择　　　　　　　　　　　　B. 投影

C. 交　　　　　　　　　　　　　D. 并

(11) 在 VB 集成环境中要结束一个正在运行的工程,可单击工具栏上的一个按钮,这个按钮是(　　)。

A. [图标]　　　　　　　　　　　B. [图标]

C. [图标]　　　　　　　　　　　D. [图标]

(12) 设 x 是整型变量,与函数 IIf(x>0,−x,x)有相同结果的代数式是(　　)。

A. $|x|$　　　　　　　　　　　　B. $-|x|$

C. x　　　　　　　　　　　　　D. $-x$

(13) 设窗体文件中有下面的事件过程:

```
Private Sub Command1_Click()
Dim s
a%=100
Print a
```

```
     End Sub
```

其中变量 a 和 s 的数据类型分别是(　　　)。

A. 整型,整型 　　　　　　　　　　B. 变体型,变体型

C. 整型,变体型 　　　　　　　　　D. 变体型,整型

(14) 下面哪个属性肯定不是框架控件的属性(　　　)。

A. Text 　　　　　　　　　　　　B. Caption

C. Left 　　　　　　　　　　　　D. Enabled

(15) 下面不能在信息框中输出"VB"的是(　　　)。

A. MsgBox "VB" 　　　　　　　　B. x= MsgBox("VB")

C. MsgBox("VB") 　　　　　　　　D. Call MsgBox "VB"

(16) 窗体上有一个名称为 Option1 的单选按钮数组,程序运行时,当单击某个单选按钮时,会调用下面的事件过程

```
     Private Sub Option1_Click(Index As Integer)
     ...
     End Sub
```

下面关于此过程的参数 Index 的叙述中正确的是(　　　)。

A. Index 为 1 表示单选按钮被选中,为 0 表示未选中

B. Index 的值可正可负

C. Index 的值用来区分哪个单选按钮被选中

D. Index 表示数组中单选按钮的数量

(17) 设窗体中有一个文本框 Text1,若在程序中执行了 Text1.SetFocus,则触发(　　　)。

A. Text1 的 SetFocus 事件

B. Text1 的 GotFocus 事件

C. Text1 的 LostFocus 事件

D. 窗体的 GotFocus 事件

(18) VB 中有三个键盘事件 KeyPress,KeyDown,KeyUp,若光标在 Text1 文本框中,则每输入一个字母(　　　)。

A. 这三个事件都会触发

B. 只触发 KeyPress 事件

C. 只触发 KeyDown、KeyUp 事件

D. 不触发其中任何一个事件

(19) 下面关于标准模块的叙述中错误的是(　　　)。

A. 标准模块中可以声明全局变量

B. 标准模块中可以包含一个 Sub Main 过程,但此过程不能被设置为启动过程

C. 标准模块中可以包含一些 Public 过程

D. 一个工程中可以含有多个标准模块

(20) 设窗体的名称为 Form1,标题为 Win,则窗体的 MouseDown 事件过程的过程名

是（　　）。

A. Form1_MouseDown　　　　　　B. Win_MouseDown

C. Form_MouseDown　　　　　　　D. MouseDown_Form1

（21）下面正确使用动态数组的是（　　）。

A. Dim arr() As Integer

　　...

　　ReDim arr(3,5)

B. Dim arr() As Integer

　　...

　　ReDim arr(50)As String

C. Dim arr()

　　...

　　ReDim arr(50) As Integer

D. Dim arr(50) As Integer

　　...

　　ReDim arr(20)

（22）下面是求最大公约数的函数的首部：

```
Function gcd(ByVal x As Integer,ByVal y As Integer) As Integer
```

若要输出 8、12、16 这 3 个数的最大公约数，下面正确的语句是（　　）。

A. Print gcd(8,12),gcd(12,16),gcd(16,8)

B. Print gcd(8,12,16)

C. Print gcd(8),gcd(12),gcd(16)

D. Print gcd(8,gcd(12,16))

（23）有下面的程序段，其功能是按图 1 所示的规律输出数据

```
Dim a(3,5) As Integer
For i=1 To 3
For j=1 To 5
A(i,j)=i+j
Print a(i,j);
Next
Print
Next
```

图 1

2	3	4	5	6
3	4	5	6	7
4	5	6	7	8

图 2

2	3	4
3	4	5
4	5	6
5	6	7
6	7	8

若要按图 2 所示的规律继续输出数据，则接在上述程序段后面的程序段应该是（　　）。

A. For i=1 To 5
　　For j=1 To 3
　　Print a(j,i);
　　Next
　　Print
　　Next

B. For i=1 To 3
　　For j=1 To 5
　　Print a(j,i);
　　Next
　　Print
　　Next

C. For j=1 To 5
　　For i=1 To 3
　　Print a(j,i);
　　Next
　　Print
　　Next

D. For i=1 To 5
　　For j=1 To 3
　　Print a(i,j);
　　Next
　　Print
　　Next

(24) 窗体上有一个 Text1 文本框，一个 Command1 命令按钮，并有以下程序

```
Private Sub Commandl_Click()
Dim n
If Text1.Text<>"23456" Then
n=n+1
Print "口令输入错误" & n & "次"
End If
End Sub
```

希望程序运行时得到左图所示的效果，即输入口令，单击"确认口令"命令按钮，若输入的口令不是"123456"，则在窗体上显示输入错误口令的次数。但上面的程序实际显示的是右图所示的效果，程序需要修改。下面修改方案中正确的是（　　　）。

A. 在 Dim n 语句的下面添加一句：n＝0

B. 把 Print "口令输入错误" & n & "次"改为 Print "口令输入错误"+n+"次"

C. 把 Print "口令输入错误" & n & "次"改为 Print "口令输入错误"&Str(n)&"次"

D. 把 Dim n 改为 Static n

(25) 要求当鼠标在图片框 P1 中移动时，立即在图片框中显示鼠标的位置坐标。下面能正确实现上述功能的事件过程是（　　　）。

A. Private Sub P1_MouseMove(Button As Integer,Shift As Integer,X As

```
Single,Y As Single)
Print X,Y
End Sub
```

B.
```
Private Sub P1_MouseDown(Button As Integer,Shift As Integer,X As
Single,Y As Single)
Picture.Print X,Y
End Sub
```

C.
```
Private Sub P1_MouseMove(Button As Integer,Shift As Integer,X As
Single,Y As Single)
P1.Print X,Y
End Sub
```

D.
```
Private Sub Form_MouseMove(Button As Integer,Shift As Integer,X
As Single,Y As Single)
P1.Print X,Y
End Sub
```

(26) 计算圆周率的近似值的一个公式是

$$\pi/4 = 1 - \frac{1}{3} + \frac{1}{5} - \frac{1}{7} + \cdots + (-1)^{n-1}\frac{1}{2n-1}.$$

某人编写下面的程序用此公式计算并输出 π 的近似值：

```
Private Sub Comand1_Click()
PI=1
Sign=1
n=20000
For k=3 To n
Sign=-Sign/k
PI=PI+Sign/k
Next k
Print PI*4
End Sub
```

运行后发现结果为 3.22751,显然,程序需要修改。下面修改方案中正确的是(　　)。

A. 把 For k=3 To n 改为 For k=1 To n

B. 把 n=20000 改为 n=20000000

C. 把 For k=3 To n 改为 For k=3 To n Step 2

D. 把 PI=1 改为 PI=0

(27) 下面程序计算并输出的是(　　)。

```
Private Sub Comand1_Click()
a=10
s=0
Do
```

```
s=s+a*a*a
a=a-1
Loop Until a<=0
Print s
End Sub
```

A. 13+23+33+…+103 的值

B. 10!+…+3!+2!+1! 的值

C. (1+2+3+…+10)3 的值

D. 10 个 103 的和

(28) 若在窗体模块的声明部分声明了如下自定义类型和数组

```
Private Type rec
Code As Integer
Caption As String
End Type
Dim arr(5) As rec
```

则下面的输出语句中正确的是(　　　)。

A. `Print arr.Code(2),arr.Caption(2)`

B. `Print arr.Code,arr.Caption`

C. `Print arr(2).Code,arr(2).Caption`

D. `Print Code(2),Caption(2)`

(29) 设窗体上有一个通用对话框控件 CD1,希望在执行下面程序时,打开如图所示的文件对话框

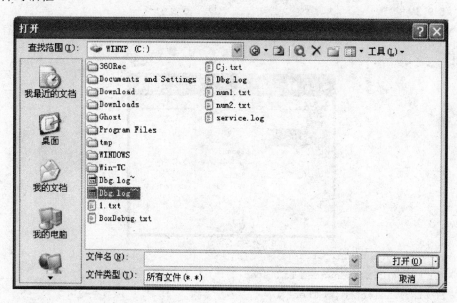

```
Private Sub Comand1_Click()
CD1.DialogTitle="打开文件"
CD1.InitDir="C:\"
```

```
CD1.Filter="所有文件|*.*|Word文档|*.doc|文本文件|*.Txt"
CD1.FileName=""
CD1.Action=1
If CD1.FileName=""Then
Print"未打开文件"
Else
Print"要打开文件"& CD1.FileName
End If
End Sub
```

但实际显示的对话框中列出了 C:\下的所有文件和文件夹,"文件类型"一栏中显示的是"所有文件"。下面的修改方案中正确的是(   )。

　　A. 把 CD1.Action=1 改为 CD1.Action=2

　　B. 把"CD1.Filter="后面字符串中的"所有文件"改为"文本文件"

　　C. 在语句 CD1.Action=1 的前面添加:CD1.FilterIndex=3

　　D. 把 CD1.FileName="" 改为 CD1.FileName="文本文件"

　　(30) 下面程序运行时,若输入 395,则输出结果是(   )。

```
Private Sub Comand1_Click()
Dim x%
x=InputBox("请输入一个 3 位整数")
Print x Mod 10,x\100,(x Mod 100)\10
End Sub
```

　　A. 3 9 5　　　　　　　　　　　　　　B. 5 3 9

　　C. 5 9 3　　　　　　　　　　　　　　D. 3 5 9

　　(31) 窗体上有 List1、List2 两个列表框,List1 中有若干列表项(见图),并有下面的程序:

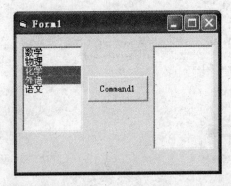

```
Private Sub Comand1_Click()
For k=List1.ListCount-1 To 0 Step-1
If List1.Selected(k) Then
List2.AddItem List1.List(k)
List1.RemoveItem k
End If
```

```
Next k
End Sub
```

程序运行时,按照图示在 List1 中选中 2 个列表项,然后单击 Commandl 命令按钮,则产生的结果是(　　)。

A. 在 List2 中插入了"外语"、"物理"两项

B. 在 List1 中删除了"外语"、"物理"两项

C. 同时产生 A 和 B 的结果

D. 把 List1 中最后 1 个列表项删除并插入到 List2 中

(32) 设工程中有 2 个窗体:Form1、Form2,Form1 为启动窗体。Form2 中有菜单。其结构如表。要求在程序运行时,在 Form1 的文本框 Text1 中输入口令并按回车键(回车键的 ASCII 码为 13)后,隐藏 Form1,显示 Form2。若口令为"Teacher",所有菜单项都可见;否则看不到"成绩录入"菜单项。为此,某人在 Form1 窗体文件中编写如下程序:

```
Private Sub Text1_KeyPress(KeyAscii As Integer)
If KeyAscii=13 Then
If Text1.Text="Teacher" Then
Form2.input.visible=True
Else
Form2.input.visible=False
End If
End If
Form1.Hide
Form2.Show
End Sub
```

菜单标题	名称	级别
成绩管理	Mark	1
成绩查询	query	2
成绩录入	input	2

程序运行时发现刚输入口令时就隐藏了 Form1,显示了 Form2,程序需要修改。下面修改方案中正确的是(　　)。

A. 把 Form1 中 Text1 文本框及相关程序放到 Form2 窗体中

B. 把 Form1.Hide,Form2.Show 两行移到 2 个 End If 之间

C. 把 If KeyAscii=13 Then 改为 If KeyAscii="Teaeher" Then

D. 把 2 个 Form2.input.Visible 中的"Form2"删去

(33) 某人编写了下面的程序,希望能把 Text1 文本框中的内容写到 out. txt 文件中

```
Private Sub Comand1_Click()
Open "out.txt" For Output As #2
Print "Text1"
Close #2
End Sub
```

调试时发现没有达到目的,为实现上述目的,应做的修改是( )。

A. 把 Print "Text1"改为 Print #2,Text1

B. 把 Print "Text1"改为 Print Text1

C. 把 Print "Text1"改为 Write "Text1"

D. 把所有#2改为#1

(34) 窗体上有一个名为Command1 的命令按钮,并有下面的程序:

```
Private Sub Comand1_Click()
Dim arr(5) As Integer
For k=1 To 5
arr(k)=k
Next k
prog arr()
For k=1 To 5
Print arr(k)
Next k
End Sub
Sub prog(a() As Integer)
n=Ubound(a)
For i=n To 2 step-1
For j=1 To n-1
If a(j)
t=a(j):a(j)=a(j+1):a(j+1)=t
End If
Next j
Next i
End Sub
```

程序运行时,单击命令按钮后显示的是( )。

A. 12345   B. 54321

C. 01234   D. 43210

(35) 下面程序运行时,若输入"Visual Basic Programming",则在窗体上输出的是( )。

```
Private Sub Comand1_Click()
Dim count(25) As Integer,ch As String
ch=Ucase(InputBox("请输入字母字符串"))
For k=1 To Len(ch)
n=Asc(Mid(ch,k,1))-Asc("A")
If n>=0 Then
Count(n)=Count(n)+1
End If
Next k
m=count(0)
```

```
For k=1 To 25
If m
m=count(k)
End If
Next k
Print m
End Sub
```

A. 0   B. 1

C. 2   D. 3

二、填空题

（1）一个队列的初始状态为空。现将元素 A,B,C,D,E,F,5,4,3,2,1 依次入队，然后再依次退队，则元素退队的顺序为_____。

（2）设某循环队列的容量为 50，如果头指针 front＝45（指向队头元素的前一位置），尾指针 rear＝10（指向队尾元素），则该循环队列中共有_____个元素。

（3）设二叉树如下：

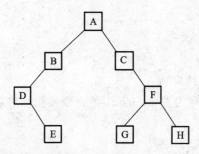

对该二叉树进行后序遍历的结果为_____。

（4）软件是_____、数据和文档的集合。

（5）有一个学生选课的关系，其中学生的关系模式为：学生（学号，姓名，班级，年龄），课程的关系模式为：课程（课号，课程名，学时），其中两个关系模式的键分别是学号和课号，则关系模式选课可定义为：选课（学号，_____，成绩）。

（6）为了使复选框禁用（即呈现灰色），应把它的 Value 属性设置为_____。

（7）在窗体上画一个标签、一个计时器和一个命令按钮，其名称分别为 Labl1、Timer1 和 Command1，如左图所示。程序运行后，如果单击命令按钮，则标签开始闪烁，每秒钟"欢迎"二字显示、消失各一次，如右图所示。以下是实现上述功能的程序，请填空。

```
Private Sub Form_Load()
Label1.Caption="欢迎"
Timer1.Enabled=False
Timer1.Interval=_____
End Sub
Private Sub Timer1_Timer()
```

```
Label1.Visible=_____
End Sub
Private Sub command1_Click()
_____
End Sub
```

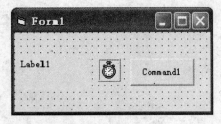 

(8) 有如下程序：

```
Private Sub Form_Click()
n=10
i=0
Do
i=i+n
n=n-2
Loop While n>2
Print i
End Sub
```

程序运行后，单击窗体，输出结果为_____。

(9) 在窗体上画一个名称为 Command1 的命令按钮。然后编写如下程序：

```
Option Base 1
Private Sub Command1_Click()
Dim a(10) As Integer
For i=1 To 10
a(i)=i
Next
Call swap (_____)
For i=1 To 10
Print a(i);
Next
End Sub
Sub swap(b() As Integer)
n=Ubound(b)
For i=1 To n/2
t=b(i)
b(i)=b(n)
b(n)=t
_____
```

```
Next
End Sub
```

上述程序的功能是,通过调用过程 swap,调换数组中数值的存放位置,即 a(1)与 a(10)的值互换,a(2)与 a(9)的值互换,……。请填空。

(10) 在窗体上画一个文本框,其名称为 Text1,在属性窗口中把该文本框的 MultiLine 属性设置为 True,然后编写如下的事件过程:

```
Private Sub Form_Click()
Open "d:\test\smtext1.Txt" For Input As # 1
Do While Not _____
Line Input #1,aspect$
Whole$=whole$+aspect$+Chr$ (13)+Chr$ (10)
Loop
Text1.Text=whole$
_____
Open "d:\test\smtext2.Txt" For Output As #1
Print #1,_____
Close #1
End Sub
```

运行程序,单击窗体,将把磁盘文件 smtext1.txt 的内容读到内存并在文本框中显示出来,然后把该文本框中的内容存入磁盘文件 smtext2.txt。请填空。

卷 II 参考答案

一、选择题

1. A	2. D	3. B	4. A	5. C
6. B	7. A	8. D	9. B	10. A
11. D	12. B	13. C	14. A	15. D
16. C	17. B	18. A	19. B	20. A
21. A	22. D	23. A	24. D	25. C
26. C	27. A	28. C	29. C	30. B
31. C	32. B	33. A	34. B	35. D

二、填空题

(1) A,B,C,D,E,F,5,4,3,2,1

(2) 15

(3) EDBGHFCA

(4) 程序

(5) 课号

(6) 2

(7) 500

(8) Not label1. visible

(9) Timer1. Enabled＝True

(10) 28

(11) a()或 a

(12) n＝n－1

(13) EOF(1)

(14) Close♯1

(15) Text1. Text 或 text1